関西 地学の旅 7
Kansai Roadside Geology

化石探し

大阪地域地学研究会

東方出版

はじめに

化石は過去からの手紙です。地球ができてから現在まで46億年の歳月が流れました。この長い地球の歴史の中で私たち生物の歴史も約35億年ありますが、多くの生物が出現し活動しだしてからは約６億年しかたっていません。この６億年の間に生物はさまざまに進化し、私たち哺乳類を生み出しました。

生物がどのように進化し変遷していったのかが明らかになってきたのは化石の研究などによるものです。化石は地層を作っている堆積物や岩石の中に含まれています。このような石を探すと化石に出会うことができるでしょう。中には恐竜などのように絶滅してしまって今では見ることができない生物が化石として見つかることもあります。

またその当時の気候や環境がどのようなものであったかを知るにも化石を調べることが重要です。それには化石がどのような状態で地層や岩石の中に入っているかなどを観察することが必要です。本書ではこのような化石が地層の中に含まれている状態がわかる場所を中心に掲載し、その様子や化石をデジタルカメラの接写機能を利用して詳しく観察できるようにしました。そのためこのような化石の観察する場所に行くときにこれまでのようなハンマーを持っていくのではなくその代わりにデジタルカメラを持って出かけます。

野外で化石を探す以外に化石は私たちの住んでいる街の中に

も見つけることができます。大きなビルや駅などの建物の床や壁に化石を含む石が使われていることがあるからです。大きなアンモナイトを見つけることができたりして、街の中の化石探しもまた楽しいものです。

　このような野外や街の中の化石のある場所では周りに迷惑がかからないように気をつけて観察することも大切です。また決して化石やその周辺の石を傷つけることがないよう気をつけましょう。デジタルカメラの接写機能で撮影すると私たちの目以上に細かなところまで拡大されて、まったく新しい世界が広がってきます。この新しい観察方法でぜひ化石をより詳しく見てみましょう。

大阪地域地学研究会代表　柴山元彦

＜化石観察に出かけるときの注意＞

①土地の管理者に連絡する。

②その場所が危険でないか確かめる。

③採集が禁止されているところや天然記念物のところでは傷をつけたり採集などをしない。

④ハチ、毒蛇、危険な植物などに気をつける。

⑤後片付けをし、ごみは持ち帰る。

⑤長袖、長ズボン、軍手、ハイキング用の靴で行こう。

⑥デジタルカメラなどを忘れないように。

◉目次

化石について

1．化石とは？

化石とは、自然に砂や泥などが堆積した地層の中から出てくる生物に関係するもので、以下のようなものがあります。

①生物の遺骸そのもの。

②生物の遺骸が石化（めのう、石英、方解石、オパール、コハクなどに変わる）、鉱化（黄鉄鉱、褐鉄鉱などに変わる）や炭化したもの。

③生物の遺骸の型が残ったもの。

④生物の生息していた跡。

二枚貝の遺骸そのもの（①）

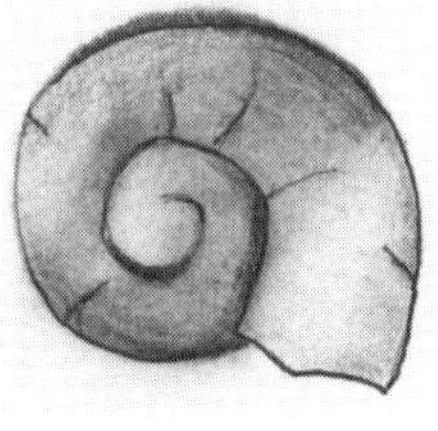

黄鉄鉱化したアンモナイト（②）

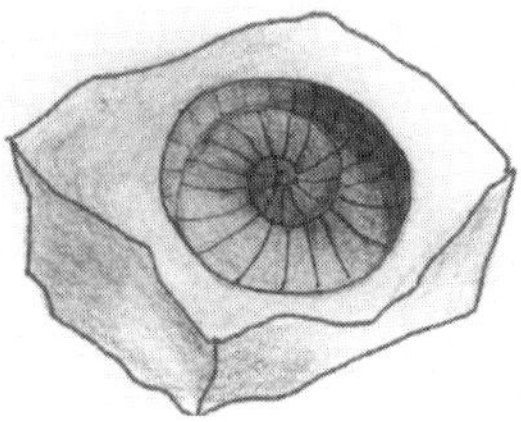

アンモナイトの型が残ったもの（③）

恐竜の足跡（④）

2．地層とは？

化石は地層の中から出てくるが、地層はどのようにしてできるのでしょうか。

①川で運ばれた土砂が、湖や海の底に堆積してできます。

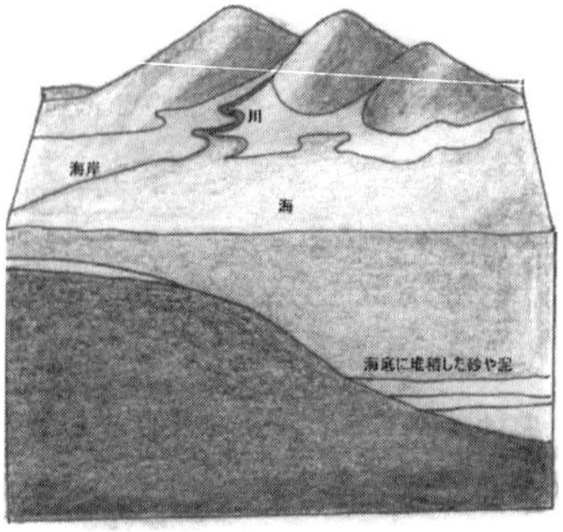

②火山噴火のときに噴出した火山弾や火山灰が陸上や水中で堆積して地層ができます。

3．化石はどのようにしてできるか？

生物が死んで海底に遺骸が埋もれる

遺骸の硬い部分が次第に残る

地殻の変動で土地が隆起する

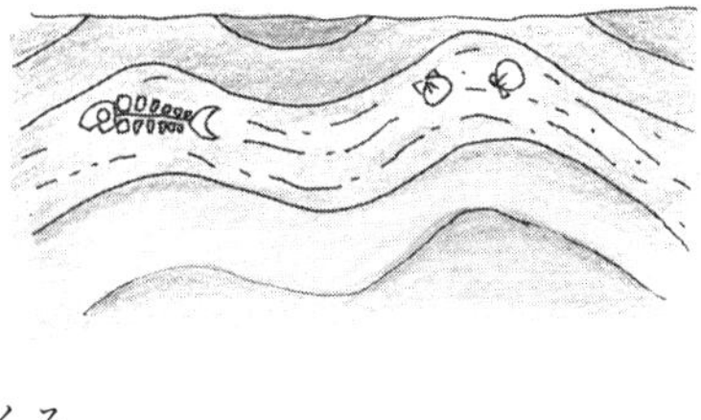

地表が削られて化石が出てくる

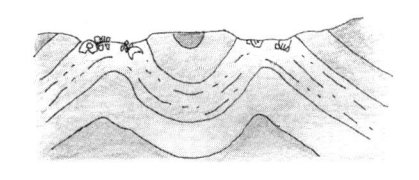

4．化石はどのような石から出てくるか？

固まっていない火山灰、砂や泥などの地層

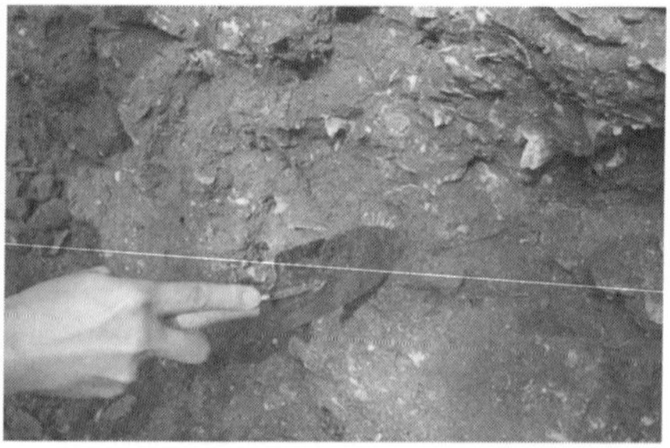

硬くなった凝灰岩、砂岩や泥岩などの堆積岩

＊マグマが固まってできる火成岩や、熱や圧力で変化した変成岩からは化石は出てこない。

5．化石が出てくる場所を探すには？

①山や丘陵の崖で砂や泥の地層が出ているところ。

②地質図（地層や岩石の分布図）を見て堆積物や堆積岩が分布しているところを探す。

③文献から探す。

6．どれくらい古い化石か？

化石がでてくる地層の年代は示準化石をもとに以下の地質時代のように区分されています。

年前	地質時代名		動物	植物
	新生代	第四紀		被子植物
6500万年前		第三紀		
	中生代	白亜紀		裸子植物
		ジュラ紀		
2億5000万年前		三畳紀		
	古生代	二畳紀	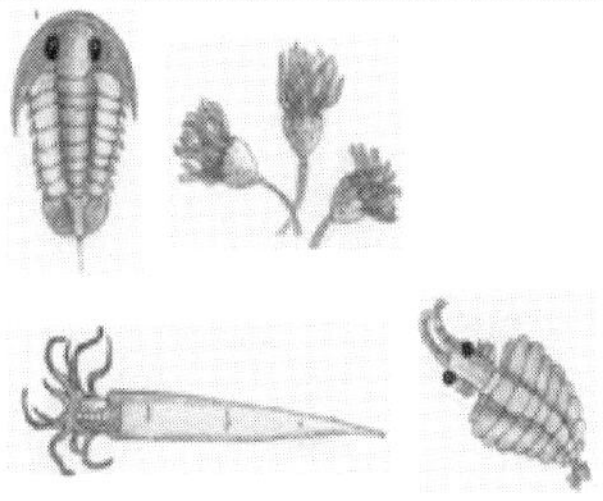	
		石炭紀		シダ植物
		デボン紀		
		シルル紀		
		オルドビス紀		
5億4200万年前		カンブリア紀		
	先カンブリア時代	原生代		藻類
		太古代		
46億年前		冥王代		

7．化石とその復元図

◎厚歯二枚貝

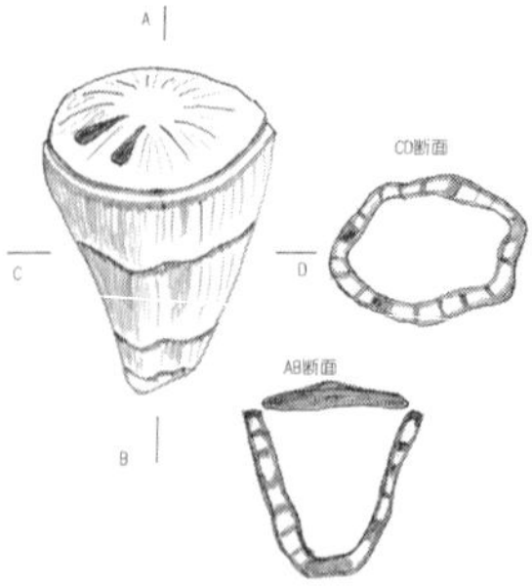

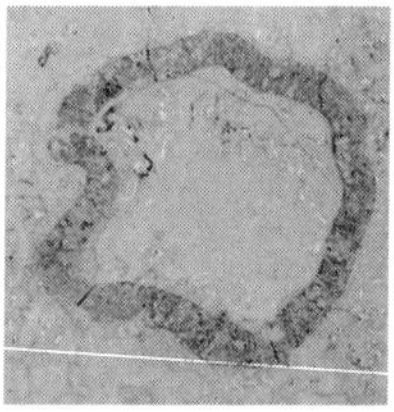

CD 断面

AB 断面

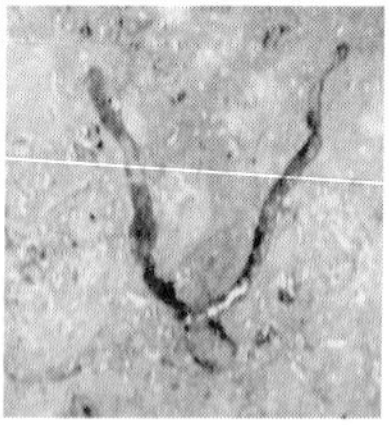

◎有孔虫

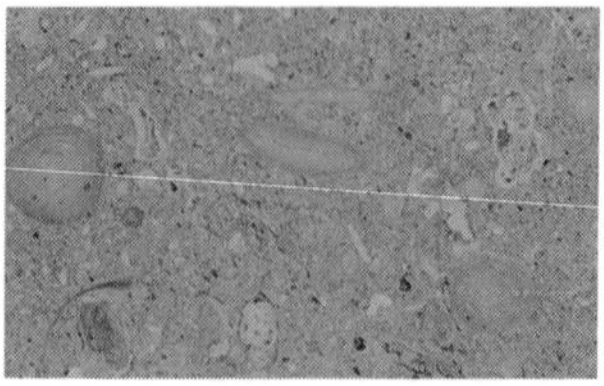

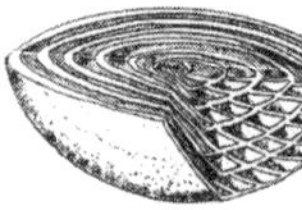

◎ベレムナイト

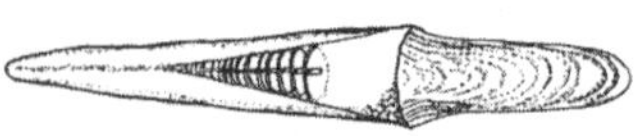

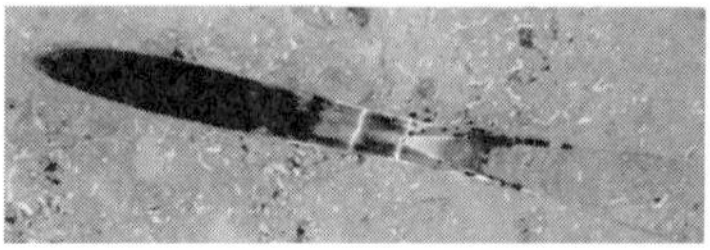

断面▶

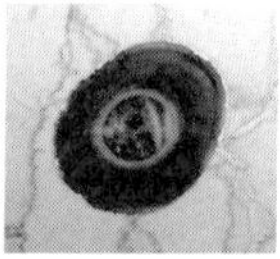

◎カキ

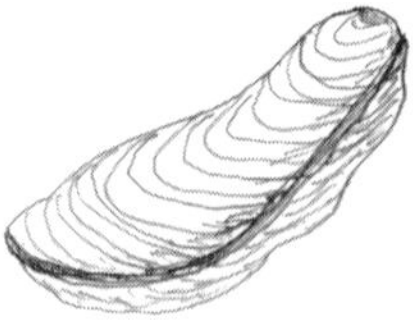

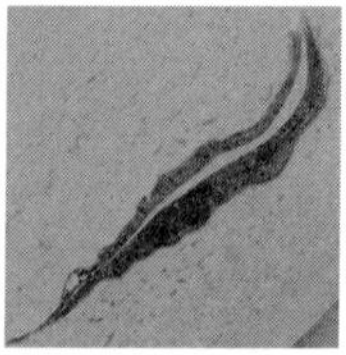

たて断面

Ⅰ　街の化石

街の中にも化石がたくさんあります。ビルや地下街などの床面や壁に使われている石材の中に化石が含まれているものがあります。石材は世界中から輸入されているため、化石もいろいろな国で産するものが含まれます。そのため街は化石の博物館のようです。

建物の石材に使われている石で化石を見つけることができる石は、ほとんどが石灰岩と呼ばれる炭酸カルシウムを主成分とする石です。この石は、サンゴや二枚貝の殻などが積み重なってできます。そのほか細かい泥や火山灰が堆積してできた石にも化石が入っていることがあります。

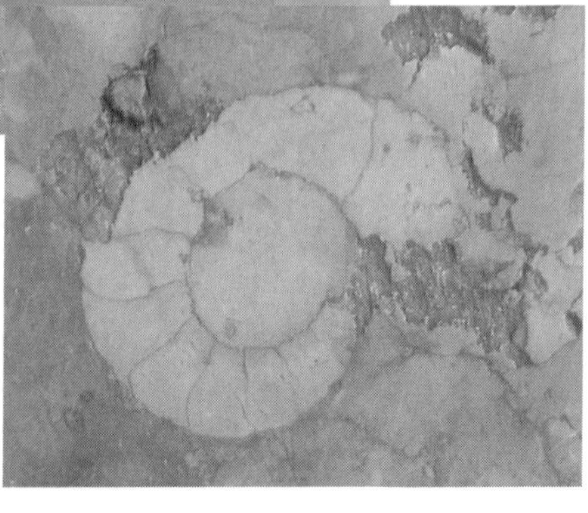

ディアモール大阪の床面には右のようなアンモナイトが見られる

（1）大阪駅周辺

◎大阪駅中央コンコース

１階の中央コンコースの柱に使われている石材を見てみましょう。この石材は石灰岩と呼ばれる石で、二枚貝やアンモナイトなどの化石を含むことがあります。

大阪駅中央コンコースの柱にはさまざまな化石が見られる。右はベレムナイト

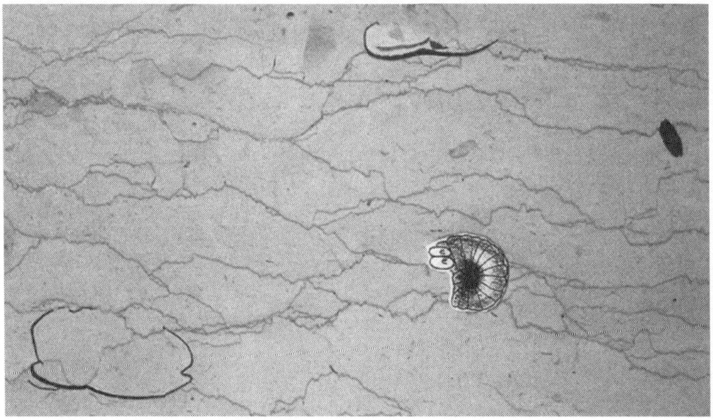

上部と左下の黒い線は二枚貝。右端の楕円形はベレムナイト。イラストの紙片＝１cm

◎**大阪駅西口改札周辺（柱、壁面）**

西口の改札周辺にある柱や壁面には石灰岩が使われています。その中にはサメの歯、巻貝、二枚貝、有孔虫などの化石をたくさん見ることができます。

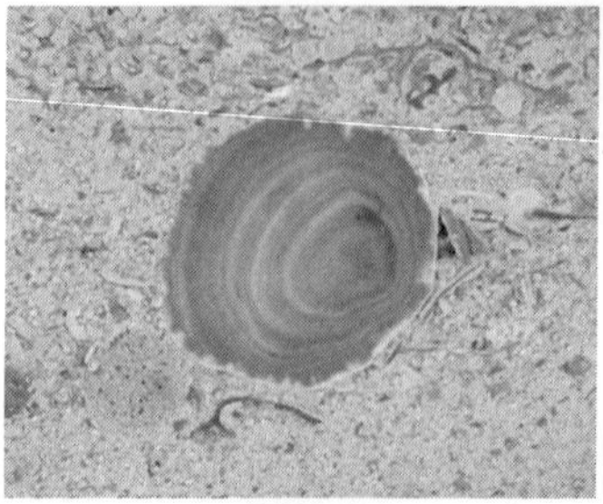

有孔虫

サメの歯

巻貝

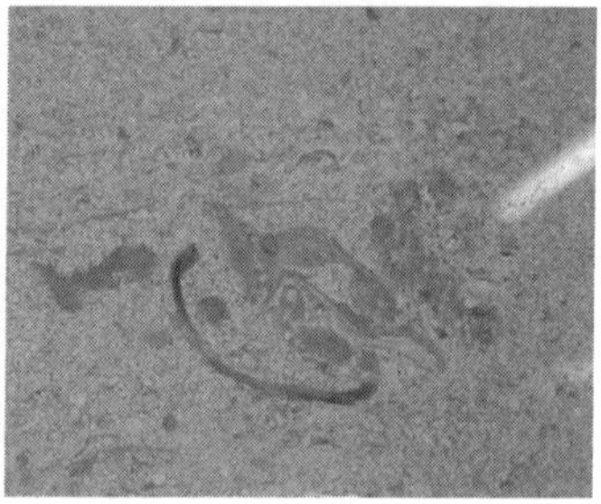

二枚貝

◎**ギャレ（大阪駅ホーム下）**

大阪駅のホームのちょうど下付近に広がるギャレという店舗街があります。その北側通路の床面には石灰岩が使われていてアンモナイト、二枚貝などの化石が見られます。

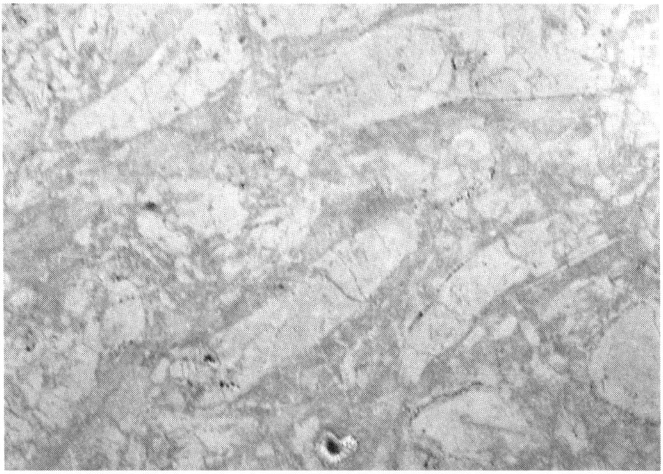

カキが密集している

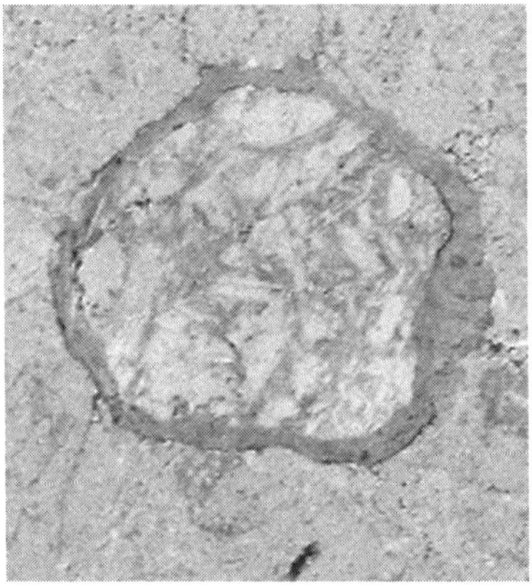

厚歯二枚貝

床面に化石がある

◎ハービス OSAKA

西梅田から毎日新聞社の方に広がる地下通路ガーデンアベニューで、特に大和ハウスビルの入り口前付近の地下部分の柱に多く化石が見られます。柱に使われている石は石灰岩です。アンモナイト、ベレムナイト、二枚貝、有孔虫、石灰藻などの化石が多く含まれます。

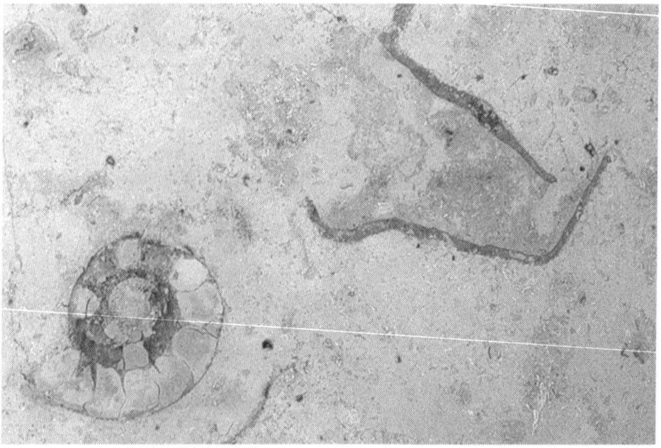

アンモナイトと厚歯二枚貝

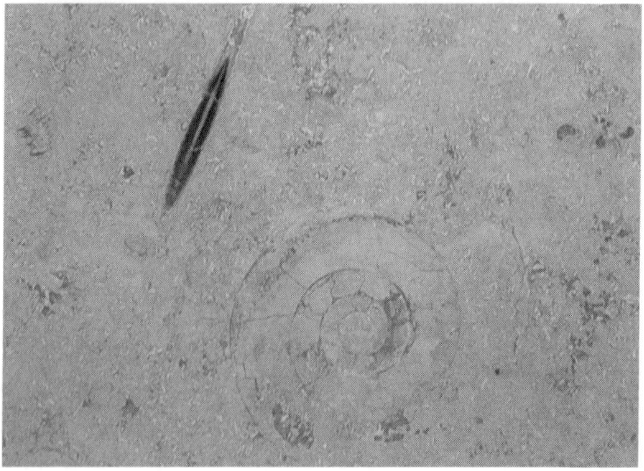

ベレムナイトとアンモナイト

円い柱の後にある壁面に化石が見られる

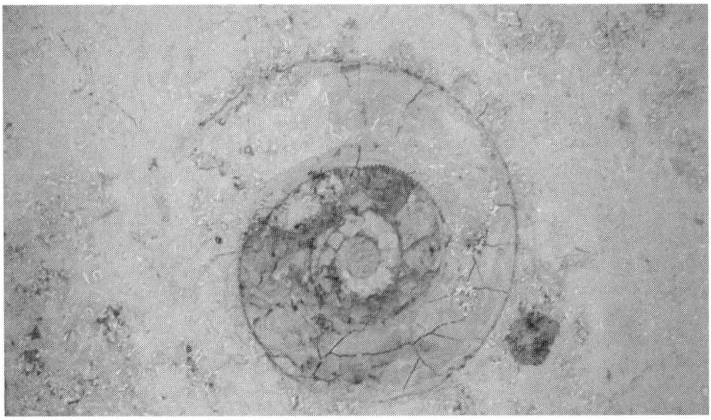

アンモナイト

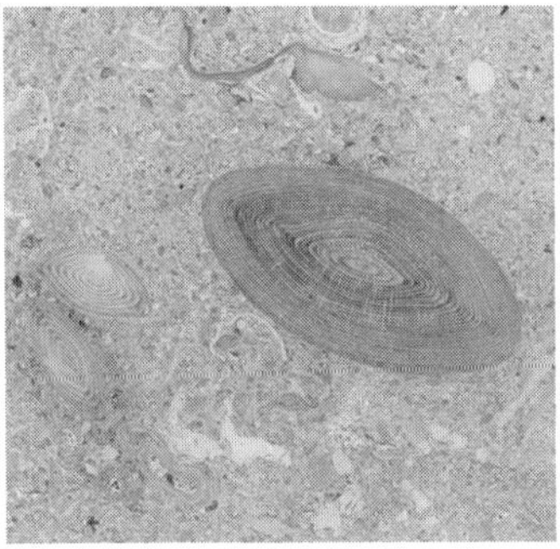

有孔虫

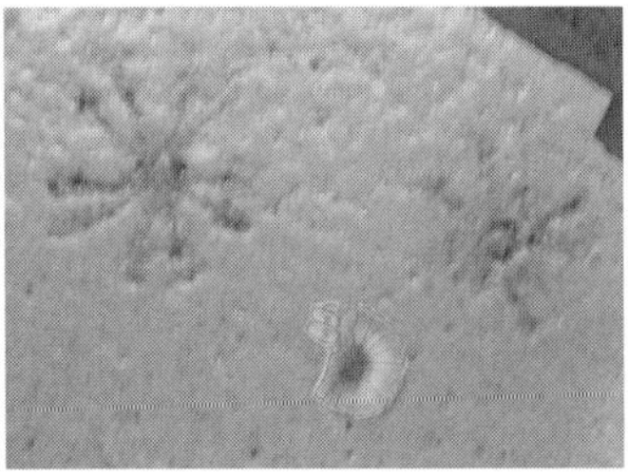

ウミユリ

◎駅前第１ビル地下（エレベーター乗り場周辺）

エレベーター乗り場の壁面には、石灰岩が使われています。この石灰岩は礁を造っていたいろいろな生物（サンゴ、貝類、有孔虫、石灰藻類など）の化石を含んでいます。

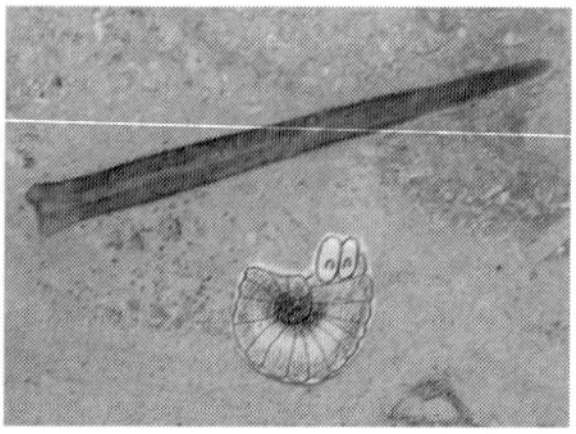

ウニのとげ

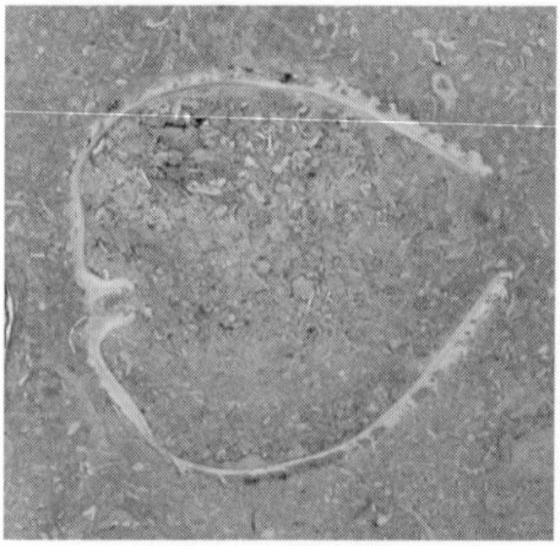

二枚貝の縦断面

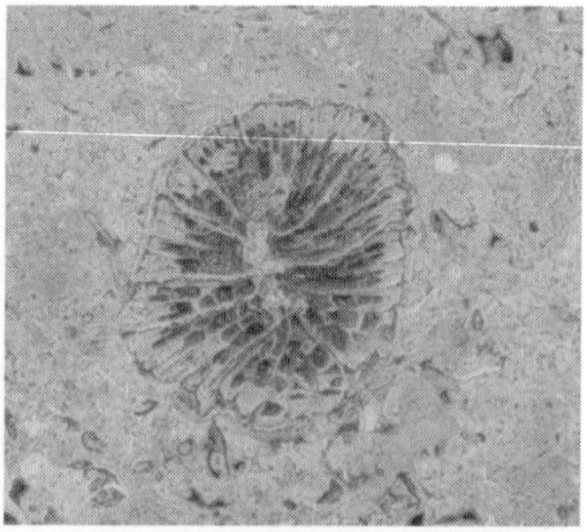

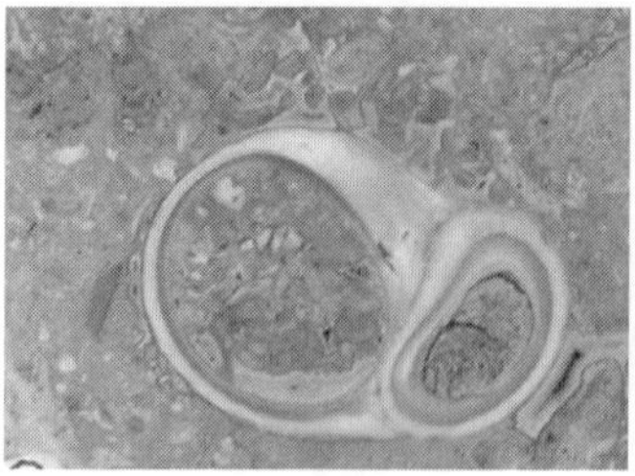

巻貝の横断面

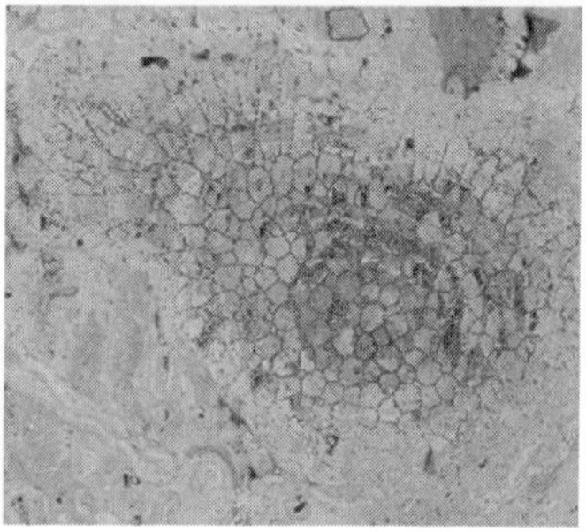

サンゴ

◎ディアモール大阪１（大阪駅前から北新地駅へ）

JR大阪駅からJR北新地駅までの間の地下通路に当たる部分の床面にはいろいろな石灰岩が使われています。この石灰岩の中には、アンモナイトの化石を見ることができます。

この床面に右のようなアンモナイトがある

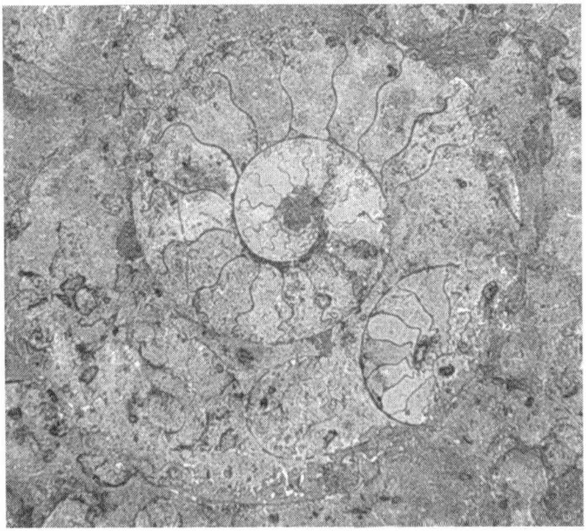

この大きなアンモナイトの中に三つの子供のアンモナイトが入っています。また殻の中は小さなたくさんの部屋に分かれていてその壁の形もよく現れています。直径は約30cmあります。

◎ディアモール大阪２（西梅田駅から東梅田駅への地下街）

大阪駅南側に広がる地下街でディアモール大阪と呼ばれている部分の東西方向の壁面には、ドイツのゾーンフォーヘンの石材が使われています。この石材は非常に目の細かい石灰質の粘板岩でできていて薄く板状にはがれる性質があります。ドイツのこの石が取れるところではかつて始祖鳥の化石が出ました。

アンモナイト

巻貝(？)

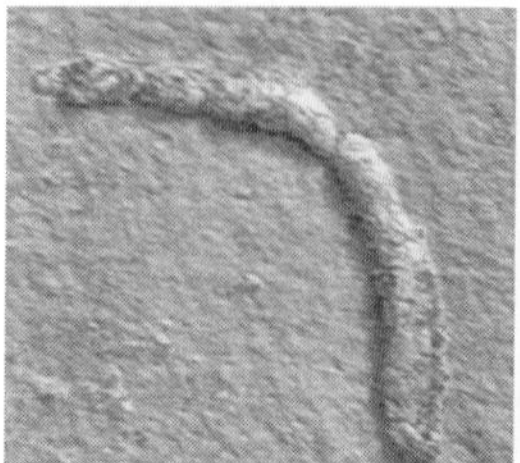

フン

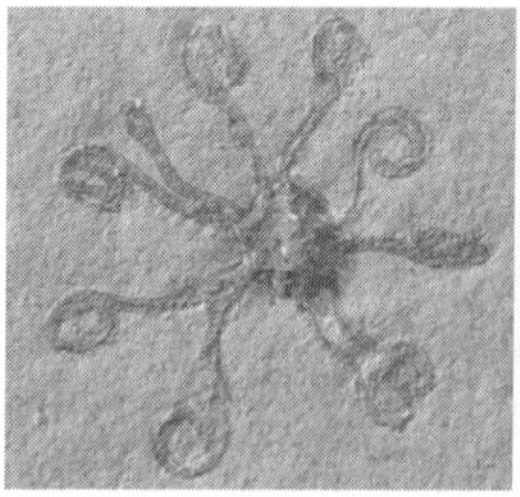

ウミユリ

石版石灰岩が使われている壁(左側)

◎阪神電鉄梅田駅横の階段

駅の改札口を出て右にある階段の両側の壁にはアンモナイトを多く含む石灰岩の石が使われています。また階段を上がった1階部分は、琉球石灰岩が床面に張られていて、巻貝や二枚貝、サンゴなどの化石を多数含みます。

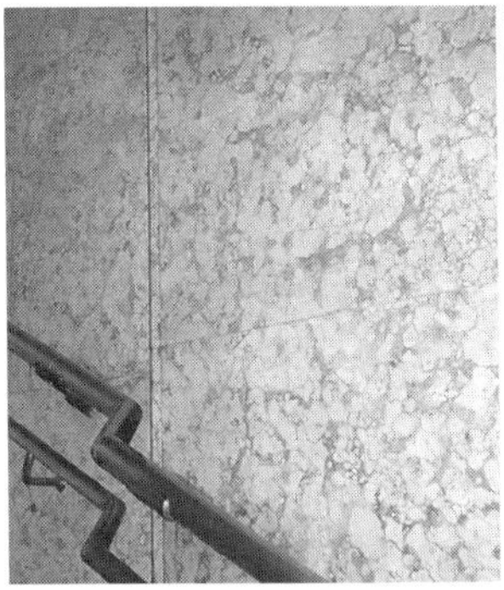

階段の壁面

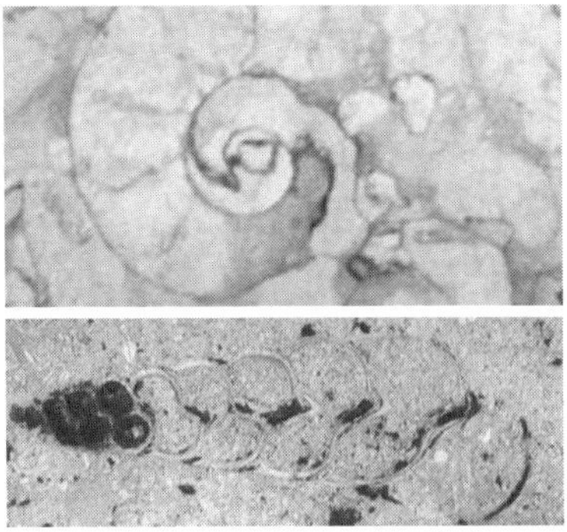

アンモナイト(上)と巻貝(下)

◎アプラスタウン

ホテル阪急インターナショナルの地下1階にある飲食店街です。ここの通路の床面にイタリア産の石灰岩が使われていてアンモナイトの化石がいくつか見られます。

床面に化石が見られる

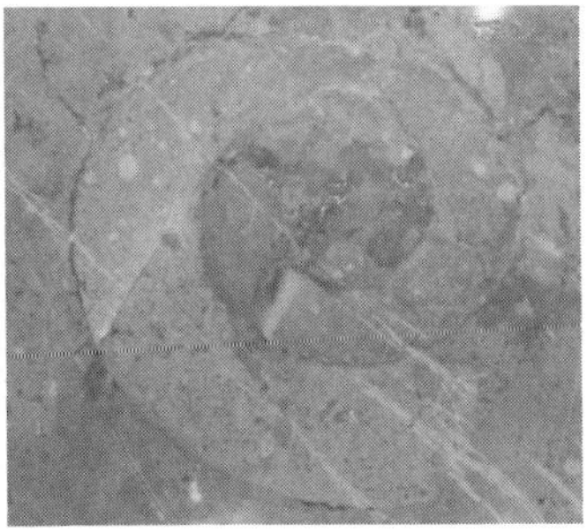

アンモナイト

◎新阪急ビル（新阪急八番街）地下１階階段付近

このビルの地下１階の壁面にはベルギー産の茶色の中に白い化石を含む石灰岩が一面に使われています。巻貝、二枚貝、サンゴなどの化石を多く含みます。

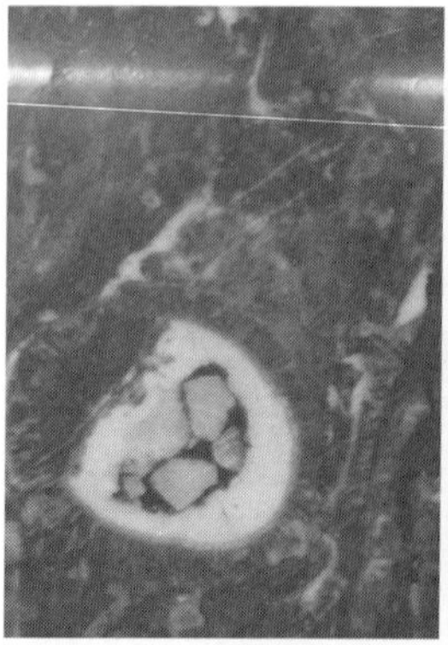

厚歯二枚貝

壁一面に化石が見られる

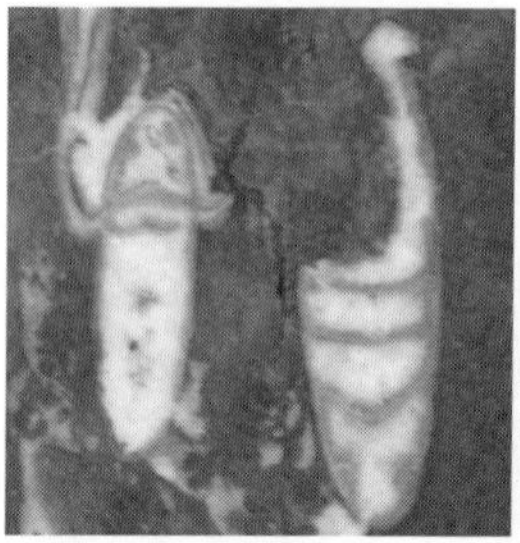

オウムガイ（縦断面）

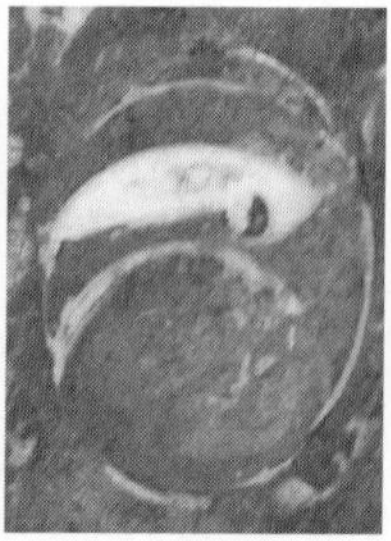

巻貝（斜め断面）

サンゴ

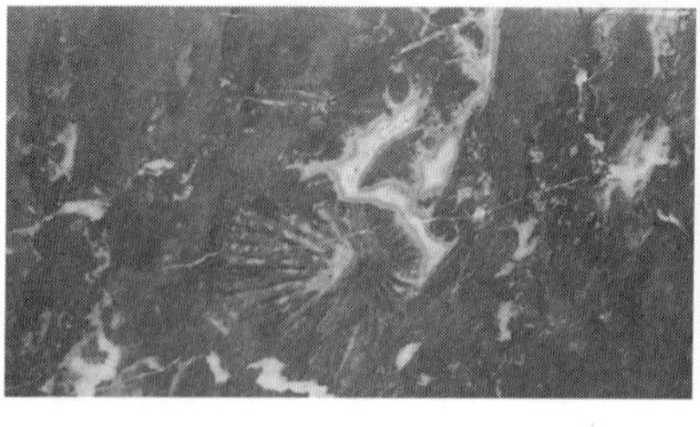

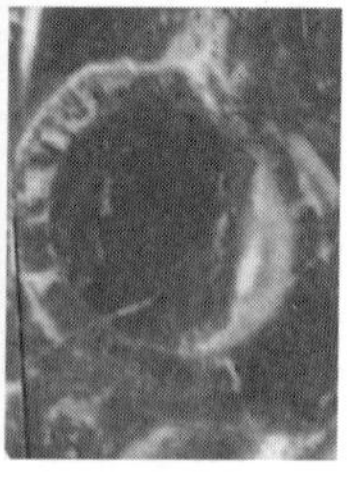

右は厚歯二枚貝
左はサンゴ

◎阪急デパートからホワイティうめだへの階段付近

床面の茶色に見える石が石灰岩で二枚貝やウミユリの軸の化石が点在しています。白く見えるのはほとんどが化石です。

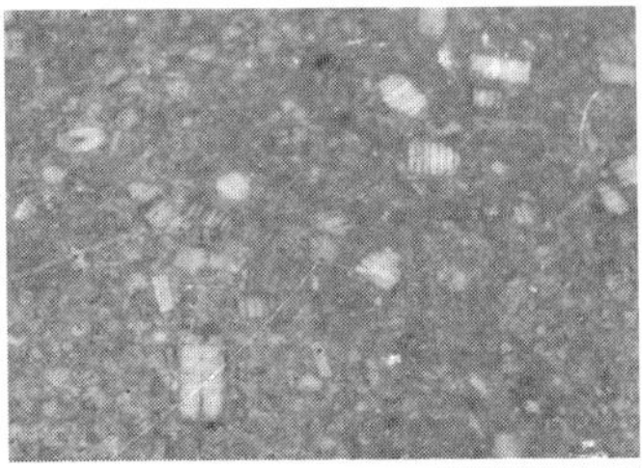

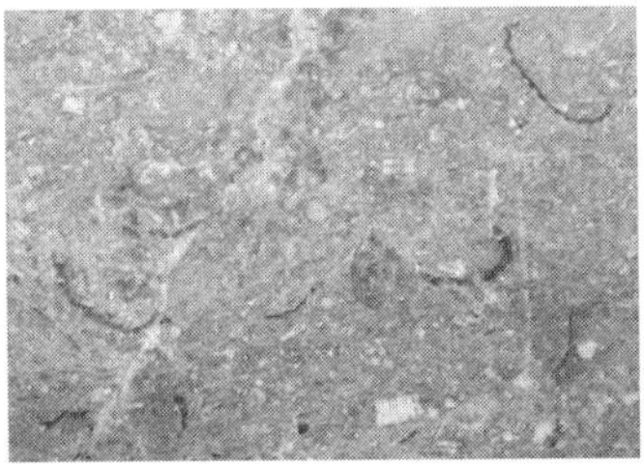

白い長方形がウミユリの茎、
黒い曲線は二枚貝

この付近では他にナビオ阪急の階段床面（下左）やイングスの壁（下右、二枚貝とサメの歯）にも化石が見られます。

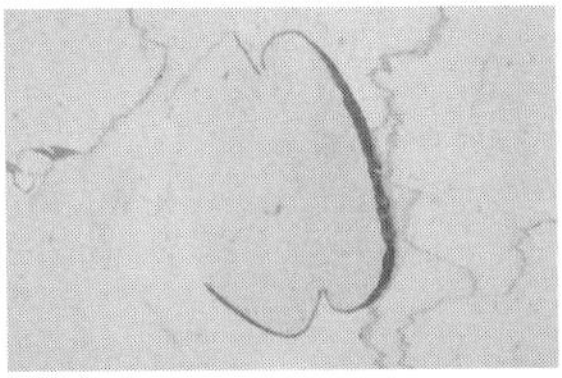

◎かっぱ横丁（阪急梅田駅下）

駅の高架下に広がるかっぱ横丁の通路にはドイツ産の石版石灰岩がモザイクのように張られていて、時折小型のアンモナイトやウミユリの化石を見つけることができます。

通路の床に化石が見られる

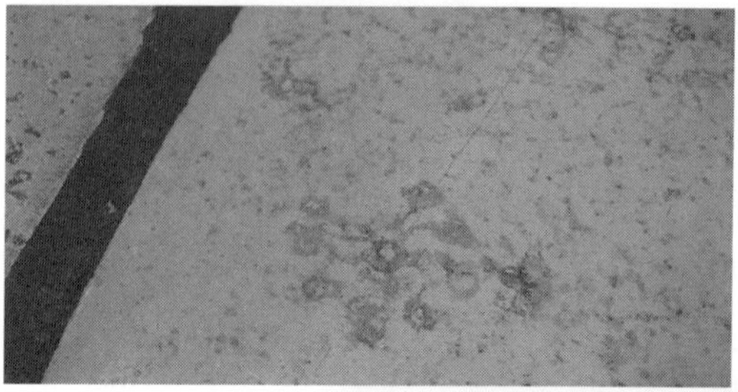
ウミユリ

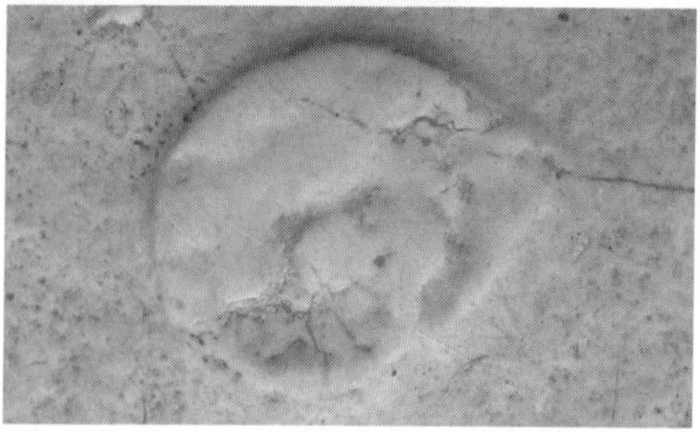
アンモナイト

（2）大阪市中央部

◎京阪電鉄京橋駅中央出口周辺

１階の切符売り場周辺の柱の壁面に石灰岩が使われていて、二枚貝や巻貝などの化石がたくさん入っています。

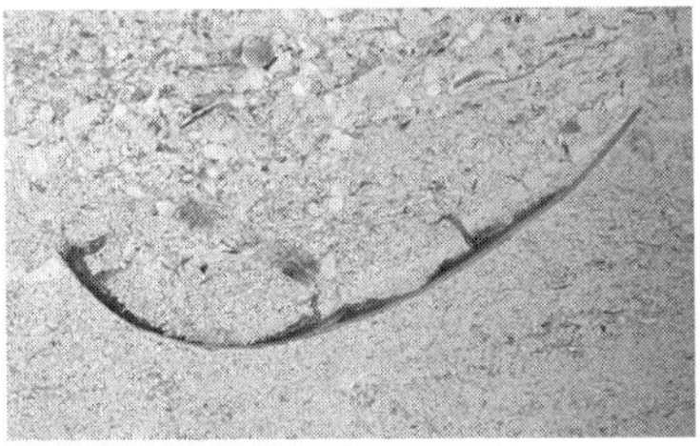

二枚貝（縦断面）

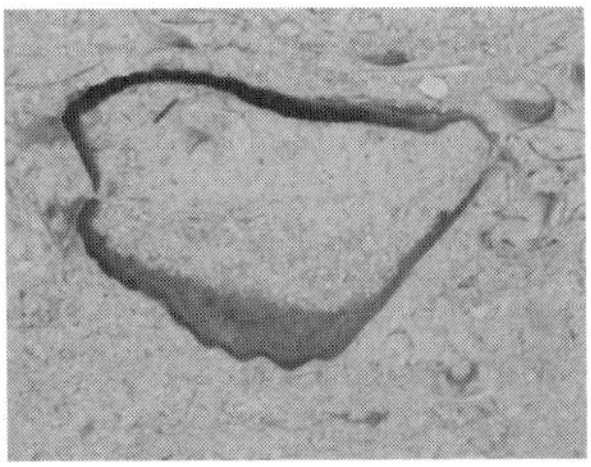

二枚貝（横断面）

◎地下鉄四つ橋線難波駅改札口

改札口を出た円形の広場の床面にモザイク上に石が張られていますがその中で褐色の石にアンモナイトが見られます。

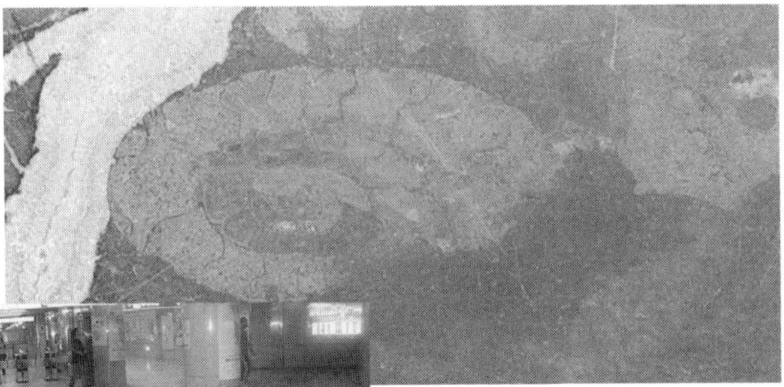

床面のアンモナイト

◎難波 OCAT ビル

①地下１階 JR 難波駅改札付近

改札口をでた付近にある丸い柱の壁面に石灰岩が使われています。その中には二枚貝などの化石が多く含まれ、床面にもカキの化石などが見られます。

柱と床に化石がある（B１）

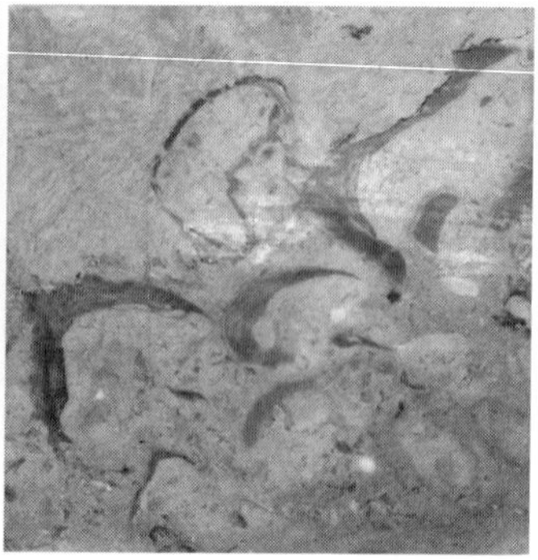

カキの化石

②１階の壁面

１階の壁面には化石が多く入った石灰岩が使われています。特に郵便局周辺の壁面にはアンモナイト、ベレムナイト、厚歯二枚貝などが多く見られます。

柱に化石（１F）

エレベータ付近の壁

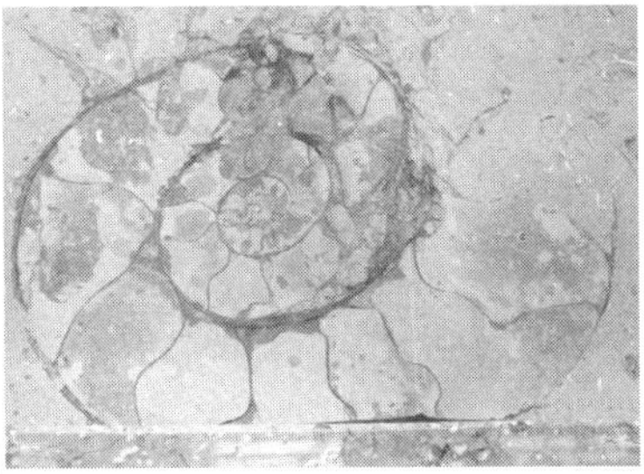

アンモナイト

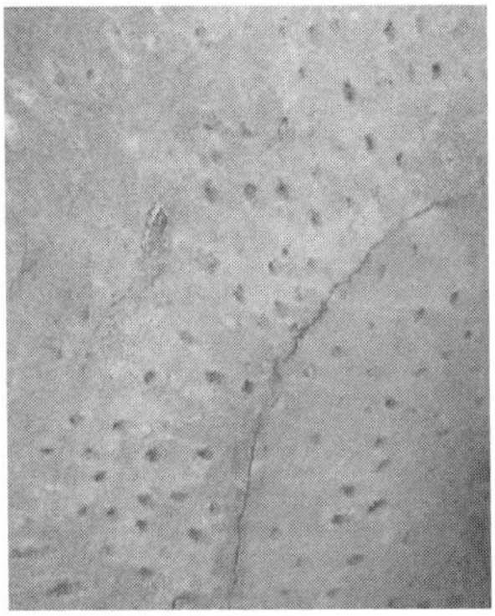

サンゴ

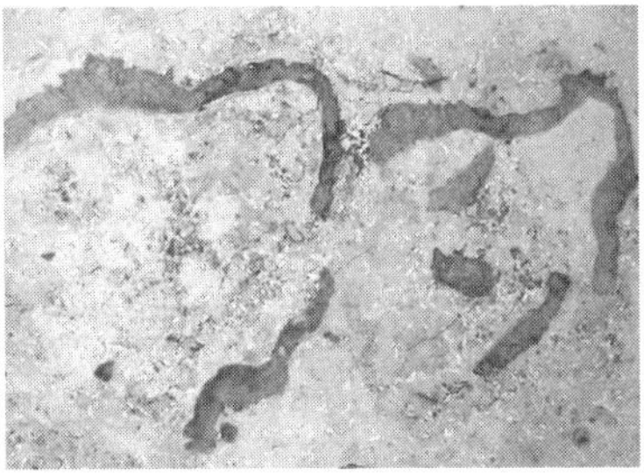

厚歯二枚貝

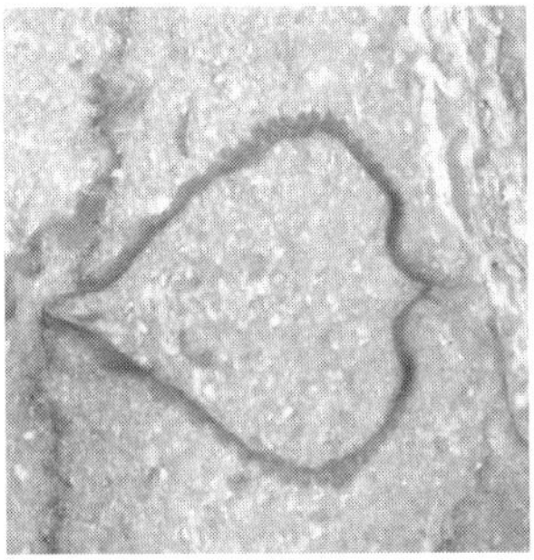

二枚貝

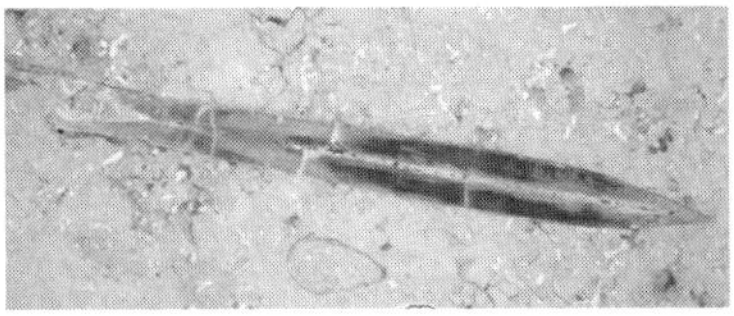

ベレムナイト

4F床面にはフン化石（右）やウミユリも

◎湊町リバープレイス

１階床にモザイク状に石灰岩が張られています。その中にアンモナイトや二枚貝などの化石が見つかります。

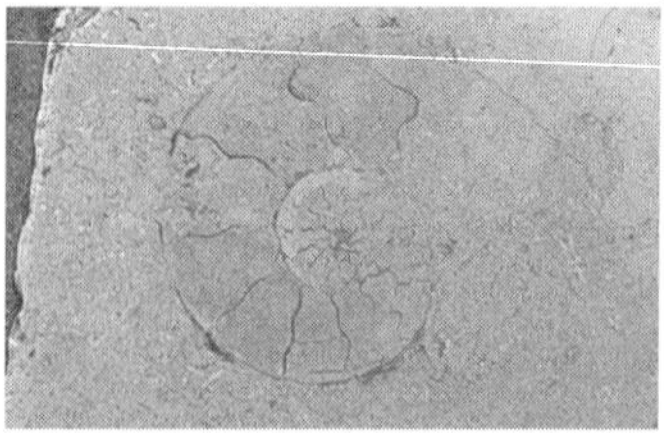

アンモナイト

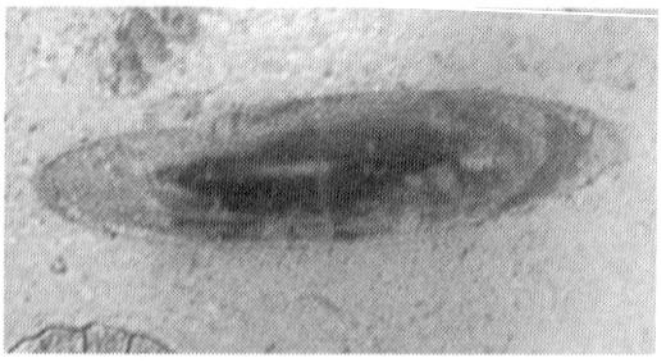

ベレムナイトの斜め断面

◎心斎橋クリスタ長堀

地下鉄鶴見緑地線の心斎橋駅から長堀橋駅にかけての地下街です。長堀橋駅に近い側の円柱や壁面に白い石灰岩が使われていて、二枚貝やベレムナイトの化石を見ることができます。

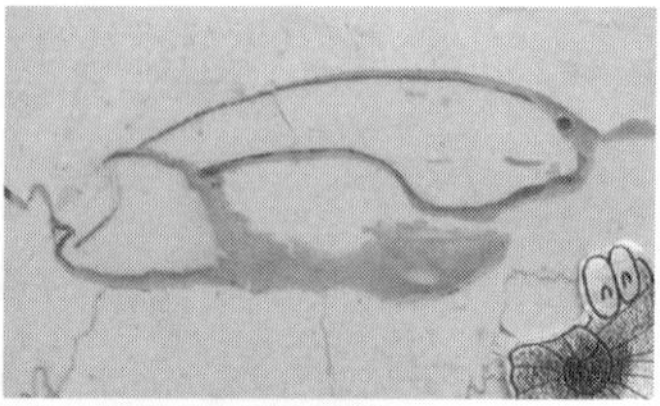

円柱や壁面に二枚貝（上）やベレムナイト（下）

◎大丸デパート

階段の手すりには造礁性の石灰岩が使われています。そのためサンゴや二枚貝、巻貝などの化石が密集しています。

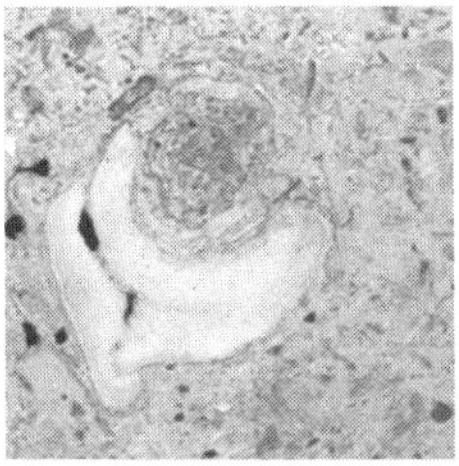
巻貝

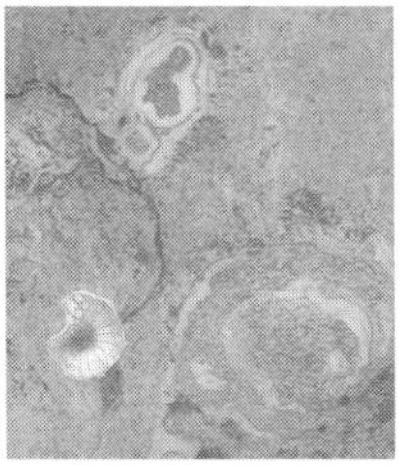
石灰藻

階段の手すりに注目

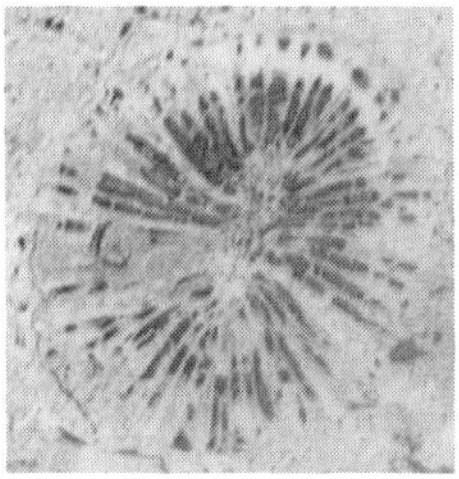

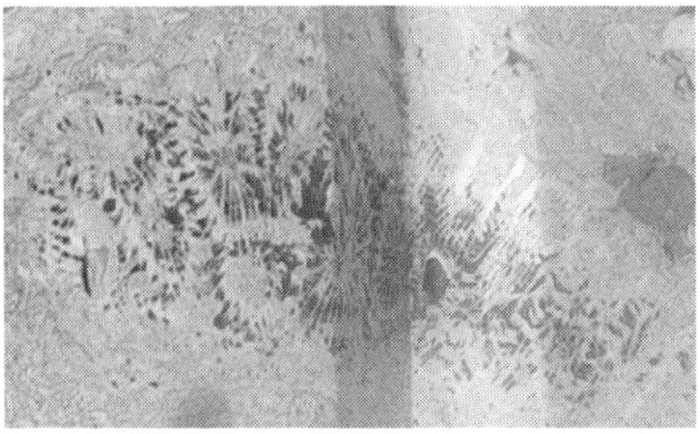
左はいずれもサンゴ

◎大阪市立科学館

中之島にある科学館の1階ロビーにはさまざまな自然石がモザイク状に張られています。その中に化石を含む石灰岩があり、アンモナイトの化石（写真右下）がいくつも見られます。

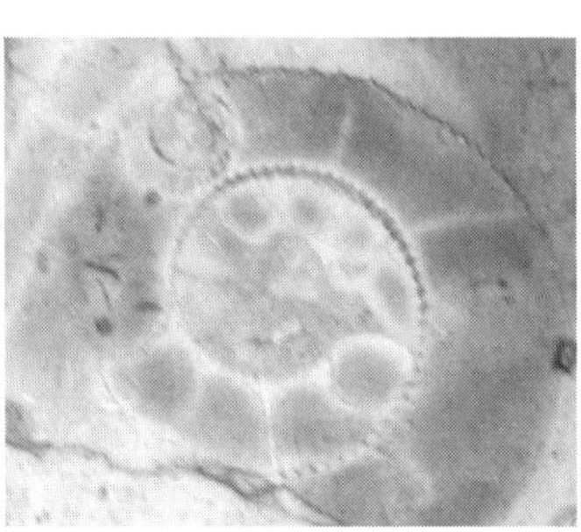

（3）大阪市南部

◎地下鉄谷町線天王寺駅上のあべちか

あべちかの床面には石灰岩が使われていて、二枚貝の化石が多く含まれています。

床面にたくさんの二枚貝が見られる

◎地下鉄御堂筋線天王寺駅からあべのルシアスへの通路

アポロビルに通じる通路の壁面に化石を見つけることができます。またあべのルシアスに入る地下入り口の床面にも化石があります。

壁面に化石が見られる

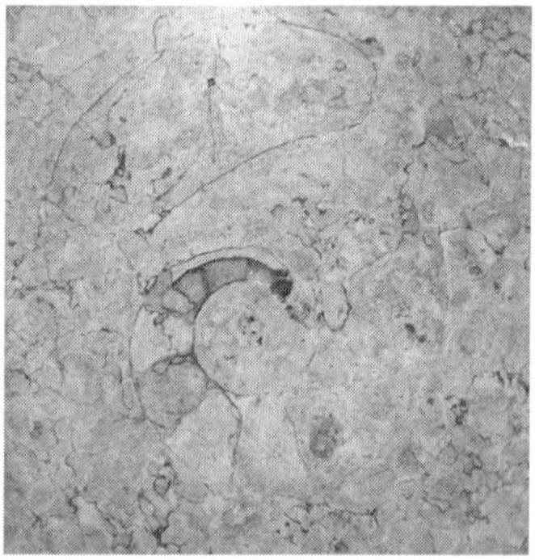

アンモナイト

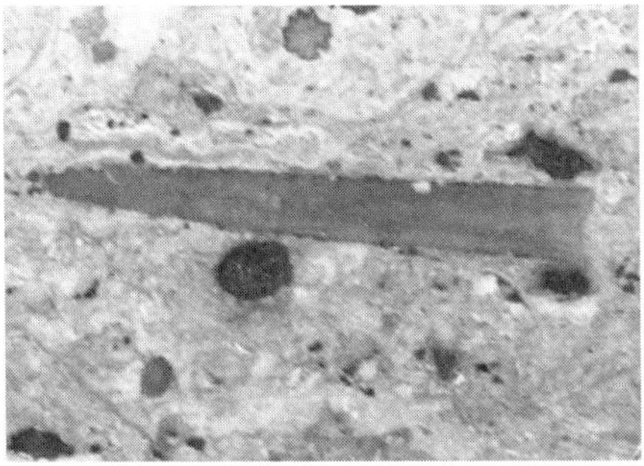

ウニのとげ

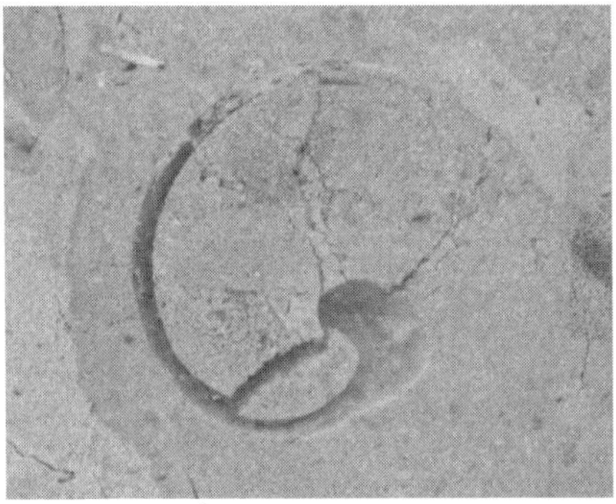

巻貝

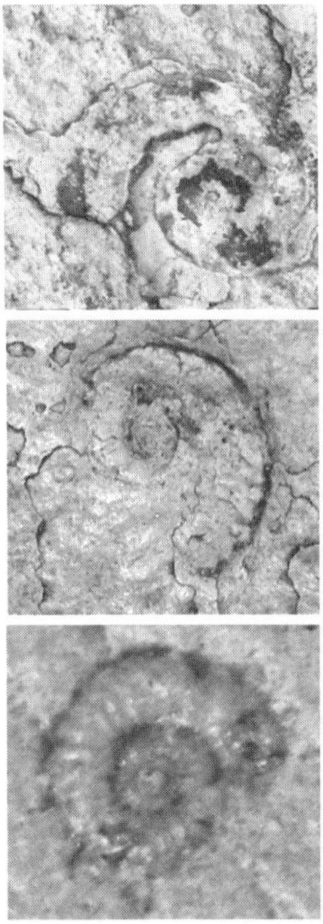

アンモナイト

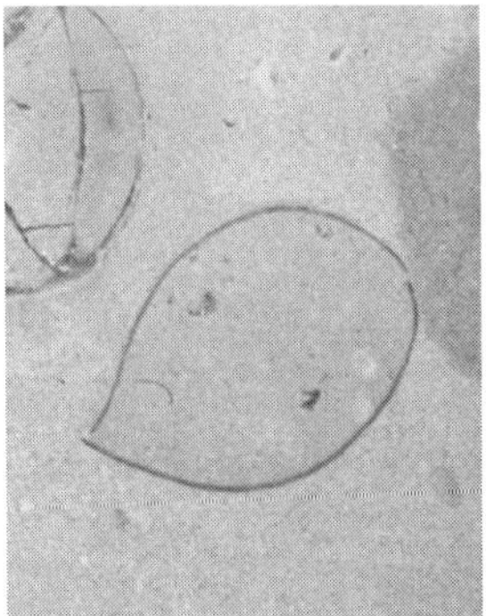

二枚貝

床面に化石が見られる

（4）大阪郊外

◎北大阪急行千里中央駅ホーム

駅のホームの階段やエレベーターの壁面に化石が多く見られます。ほとんどが二枚貝や厚歯二枚貝です。

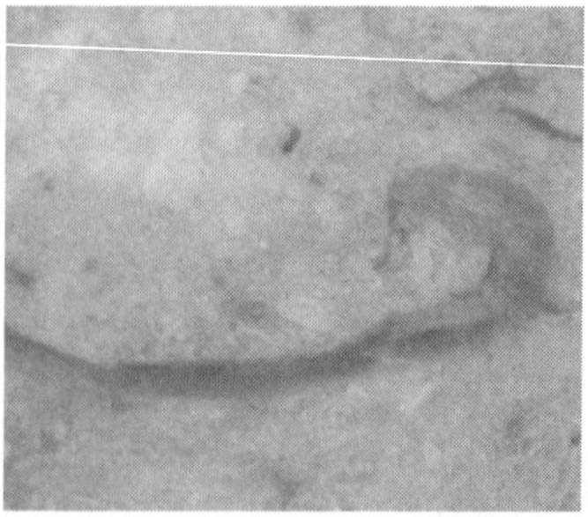
二枚貝

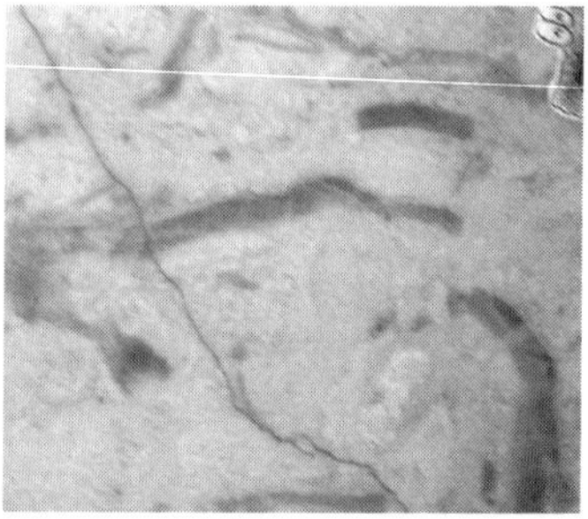
厚歯二枚貝

◎阪神高速泉大津サービスエリア

床面に石版石灰岩が使われていてウミユリの化石が見つかります。

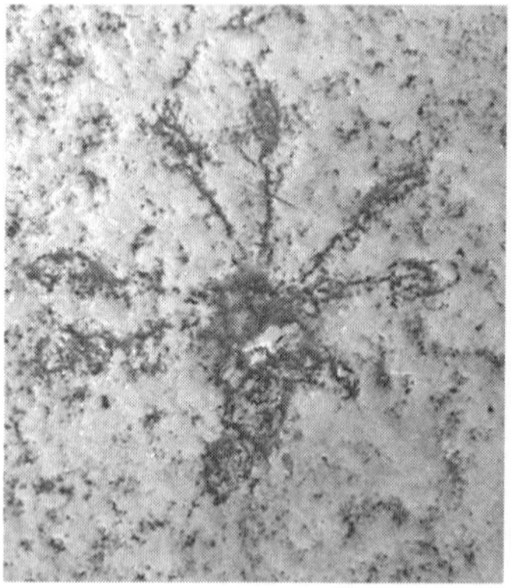
ウミユリ

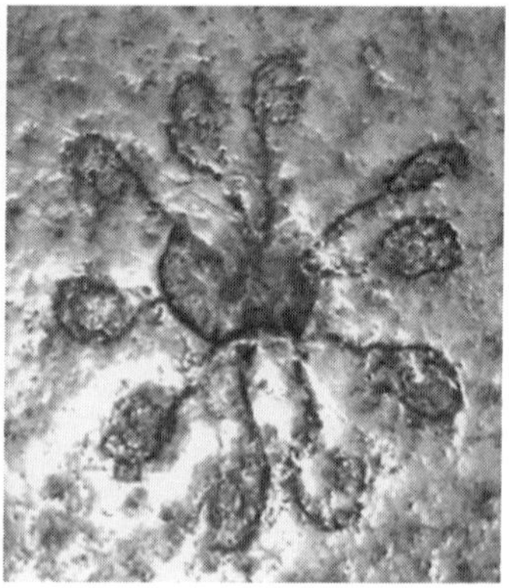
ウミユリ

◎関西空港エアロプラザ

関西空港のターミナルビルの西側に建つホテル日航関西空港などが入っているビルの１階や２階のレストラン街の通路の壁面に石灰岩が使われていて、アンモナイトや二枚貝などの化石を見つけることができます。

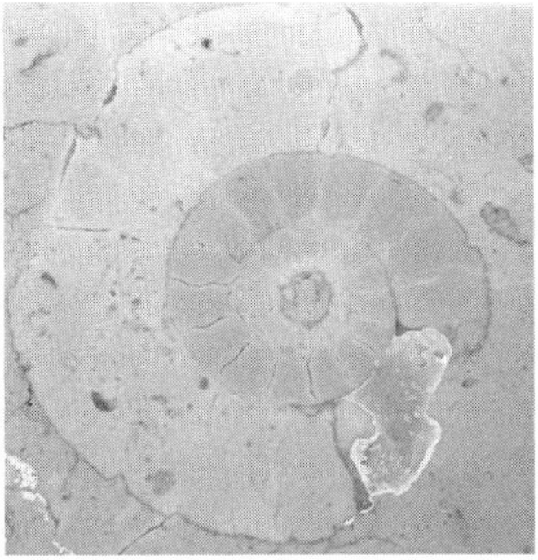
アンモナイト

壁面に化石が見られる

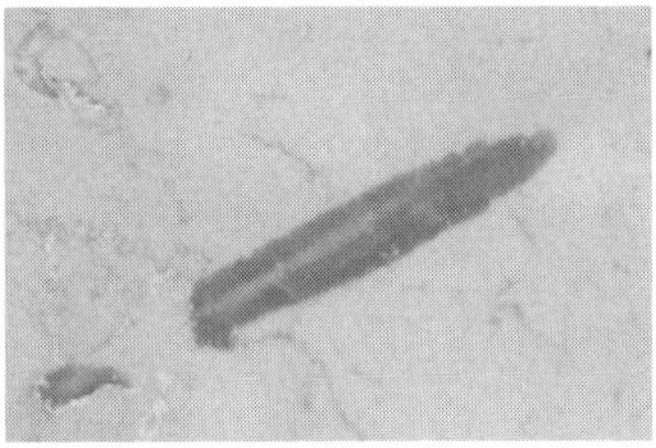
ベレムナイト

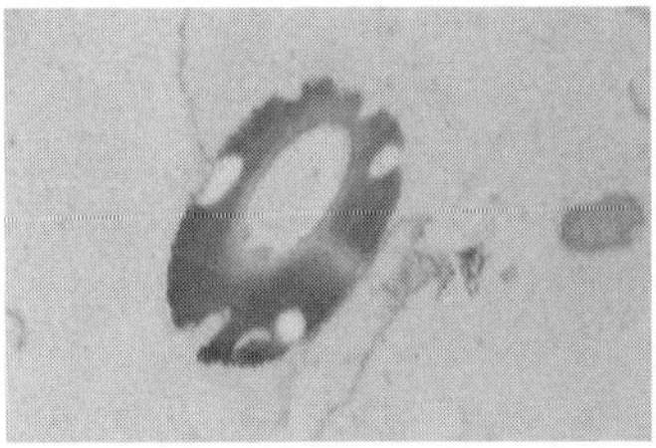
ベレムナイトの断面

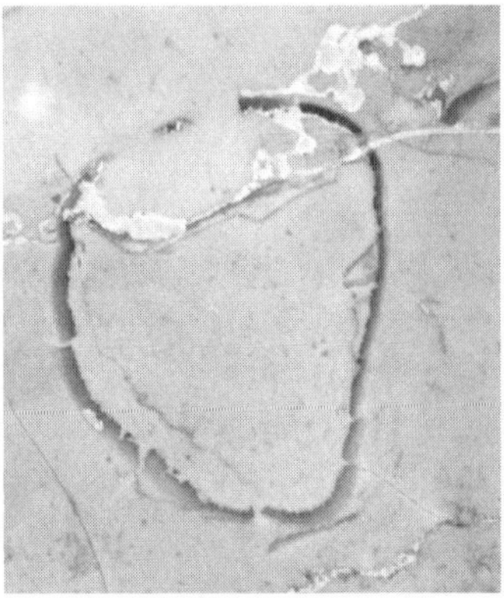
二枚貝

◎りんくうタウン、ゲートタワービル

入り口を入った壁面には白い石灰岩、床面には黒い石灰岩が使われていていずれにも化石があります。

床にも壁にも化石がある

厚歯二枚貝

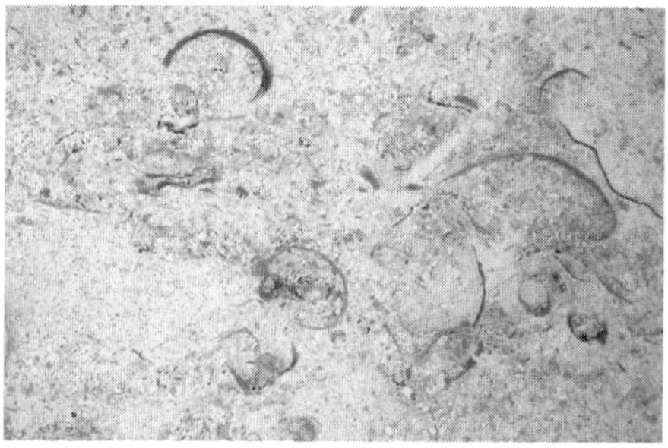

二枚貝がたくさん

（5）京都市

◎京都駅

JR京都駅の北側の玄関口にある柱には石の博物館として京都駅に使われている石が展示してあります。その中の一つにアンモナイト化石を含む石灰岩のプレートがあります。

また、駅の南側にある近鉄の改札付近に石灰岩が使われていて厚歯二枚貝の化石が多く見られます。

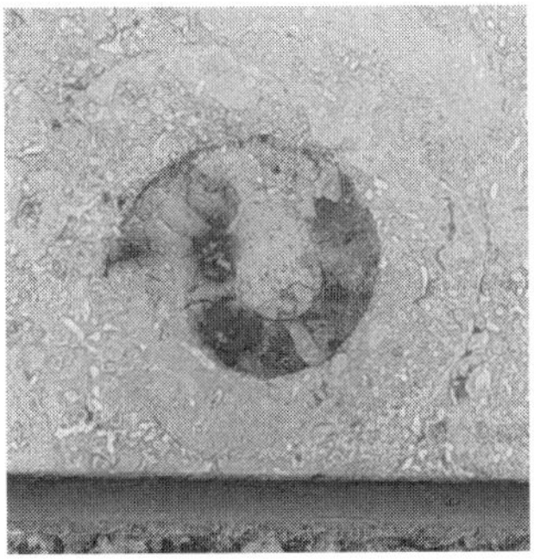

正面玄関のアンモナイト

石のプレート展示

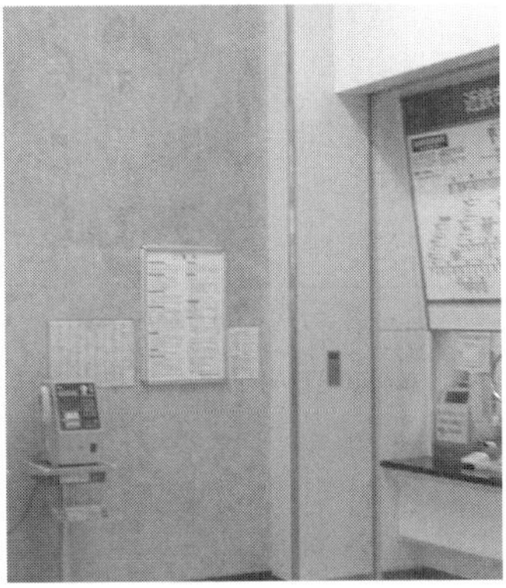

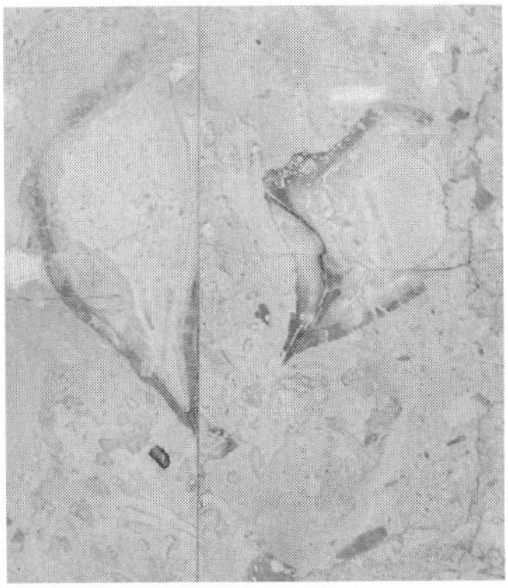

近鉄京都駅の壁には厚歯二枚貝などが見られる

◎大丸京都店

高倉通り南階段や西階段の手すりの壁面一面にサンゴ礁などが石灰岩になった石材が使われていて、サンゴ、巻貝、二枚貝、ベレムナイトなどの化石をたくさん見ることができます。

階段にたくさんの化石がある

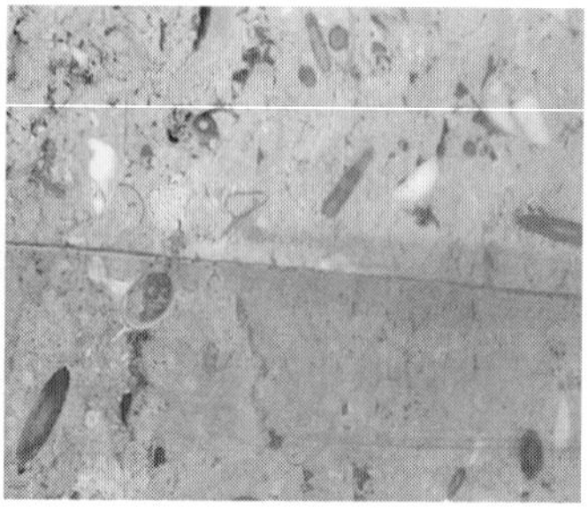

ベレムナイトの集まり

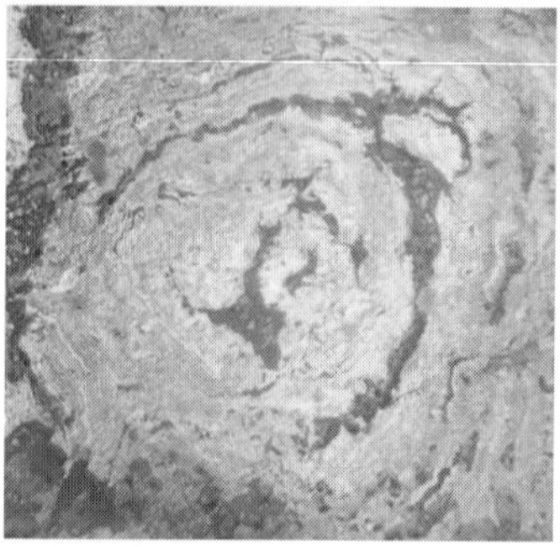

石灰藻

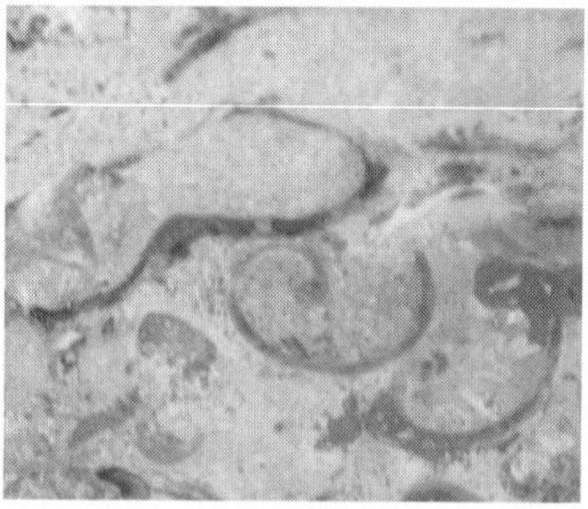

二枚貝の集まり

ウニのとげ

サンゴ

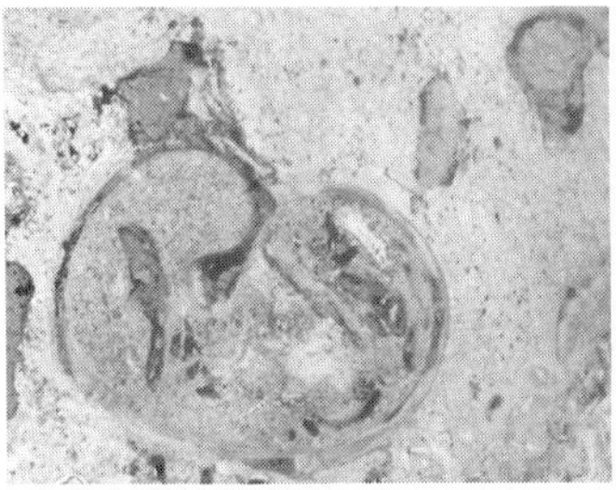

巻貝

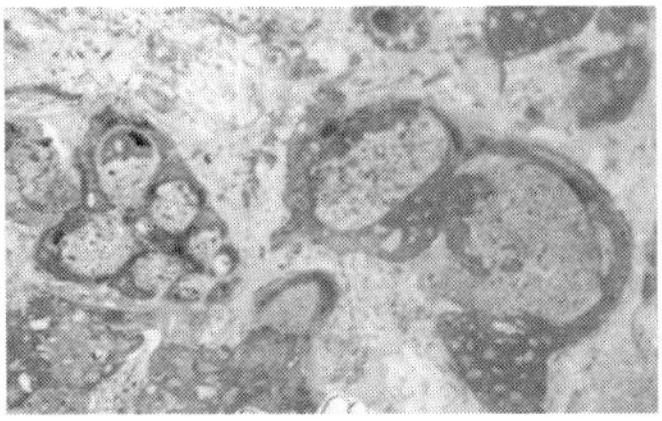

巻貝（左）と二枚貝

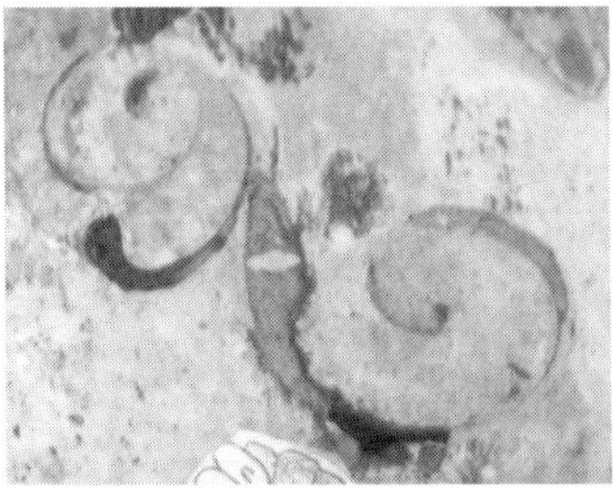

巻貝（横断面）

二枚貝

◎高島屋

四条通りにある高島屋アネックスの入り口を入ってすぐ左にある電話台に白い石灰岩が使われています。この表面には巻貝の化石が見られます。

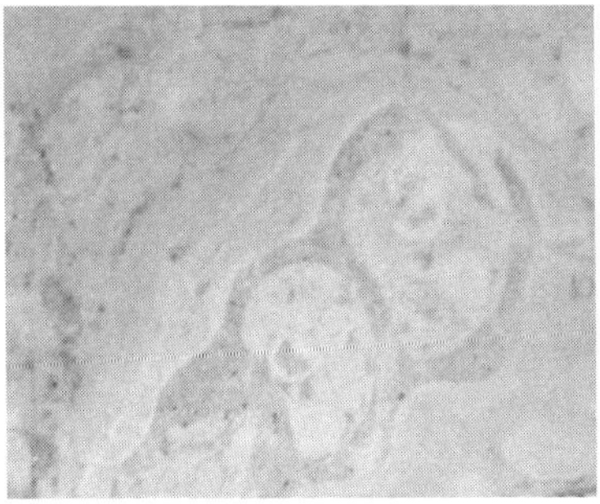

巻貝

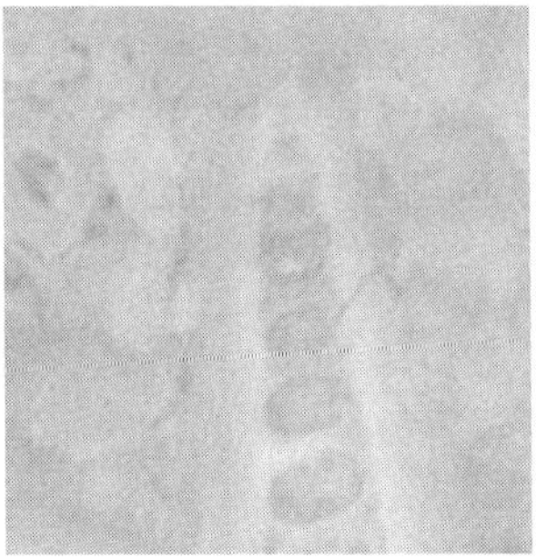

巻貝

（6）神戸市

◎さんちかタウン

三宮の地下街の床面には石版石灰岩がモザイク状にしかれていて、ウミユリの化石が見られます。また壁面の白色の石灰岩には、アンモナイトの化石を見つけることができます。

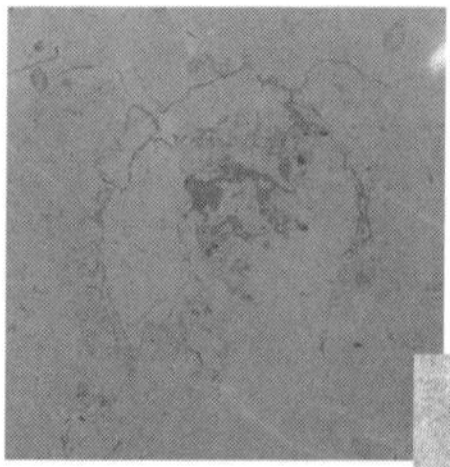

壁のアンモナイト

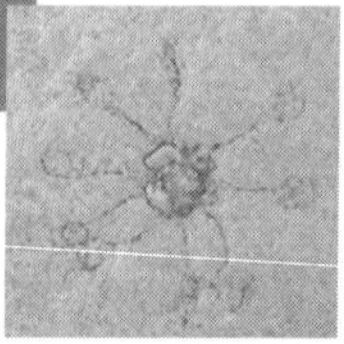

床にはウミユリが見られる

◎大丸神戸店

階段の壁面やエレベータの壁面に白い石灰岩が使われていて二枚貝の化石やベレムナイトの断面や有孔虫化石などが見られます。

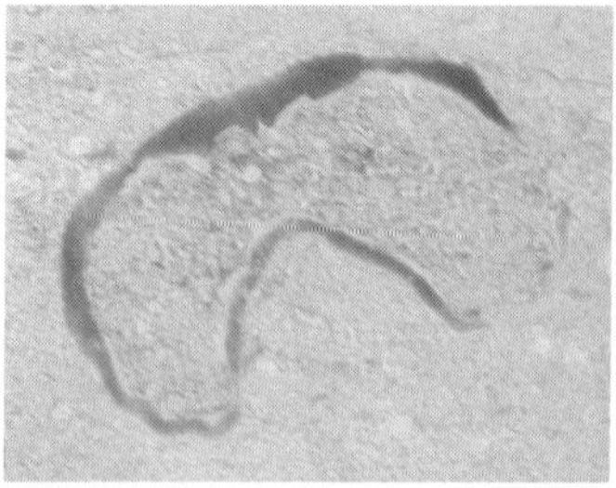

二枚貝

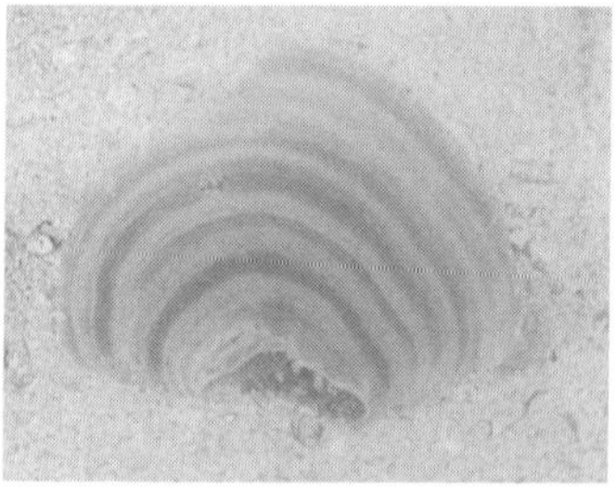

有孔虫

（7）和歌山市

◎JR 和歌山駅

駅のビルの壁面や柱に使われている石灰岩の中に二枚貝、巻貝などの化石が多く含まれています。

JR 和歌山駅の壁

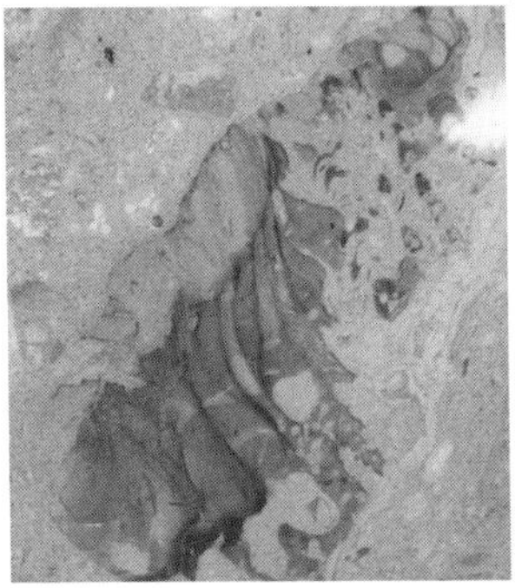

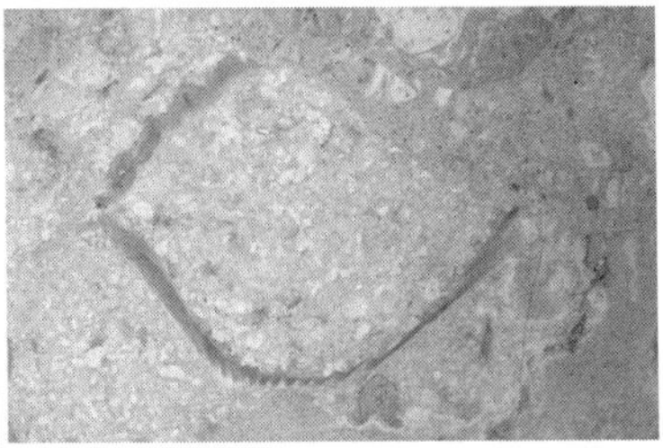

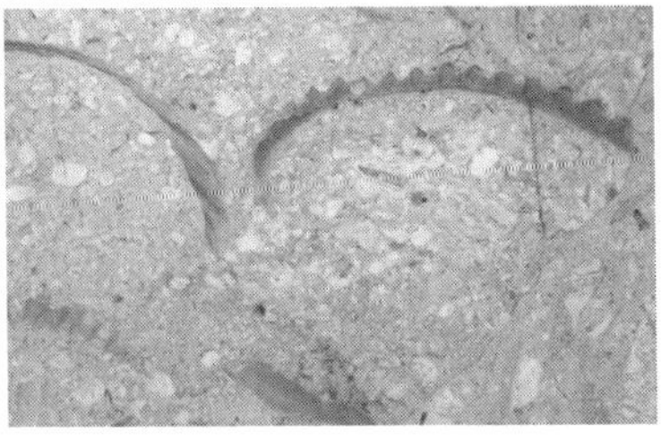

カキ（上）や二枚貝（右）の化石が見られる

◎近鉄百貨店和歌山店

JR 和歌山駅のすぐ隣にある近鉄百貨店入り口の壁面に使われている石灰岩にも二枚貝化石などが見られます。

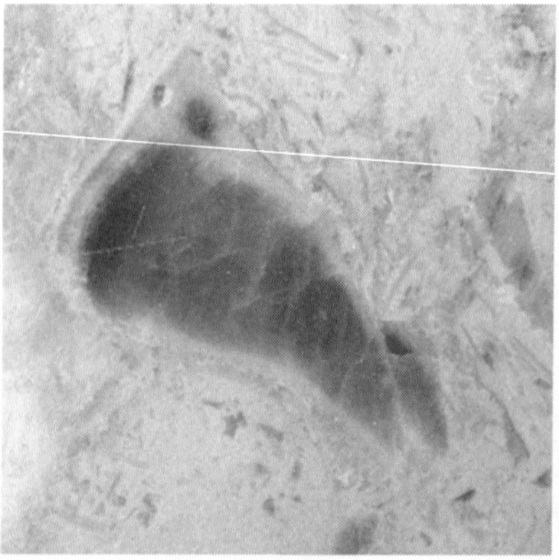

厚歯二枚貝

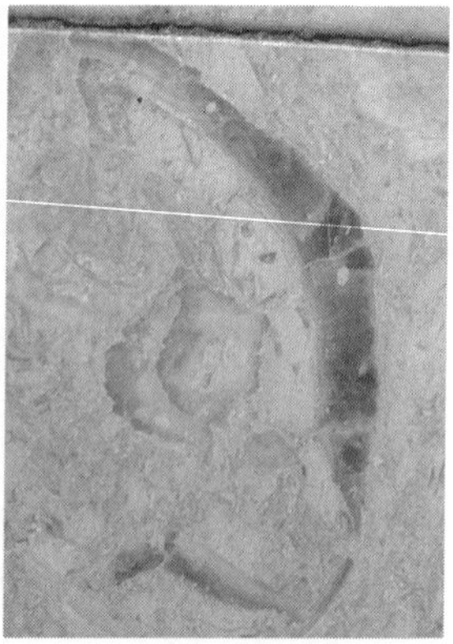

厚歯二枚貝

（紫山）

Ⅱ　野外の化石

デジカメなどで化石を写そう

野外で化石を観察する方法

最近のデジカメや携帯電話のカメラは接写機能を持っているものが多い。そこで野外の崖などで化石を見つけた時に、採集しないでカメラで撮影して帰ろう。その方が整理もしやすいし場所もとらない、細かいところまで観察できるなどの利点がある。

＜接写の方法＞

◎デジカメや携帯電話のカメラ機能を利用する

花などを近くで撮影する機能（ミクロ）がほとんどのデジカメや携帯電話のカメラにはついているのでそれを選択する。

①接写機能で撮影する。（下は接写機能ボタン、丸印）

接写機能ボタンはチューリップのマークが多い

小さな巻貝も接写で撮ると細かなところも観察できる

②対象が小さい場合は、レンズの前にルーペをおいて撮影する。

携帯電話のカメラとルーペで撮影したフズリナ

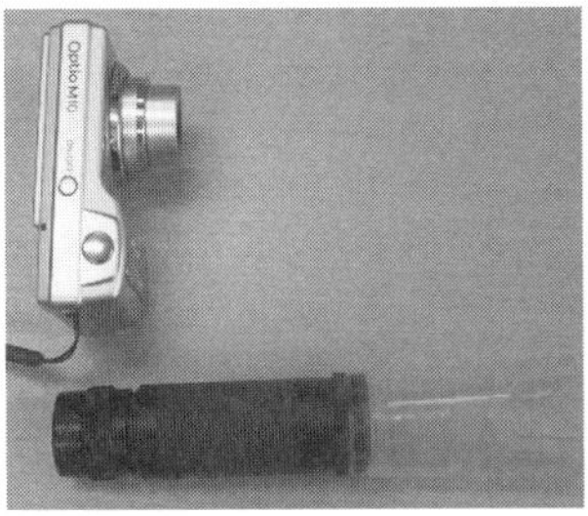

デジカメと単眼鏡

デジカメと単眼鏡を接続し岩石の上において撮影

◎接写・望遠共用の単眼鏡をデジカメに取り付けて撮影

単眼鏡の接眼レンズにあるソフトアタッチメント部分がたまたまデジカメのレンズにぴったりとはまった（写真右）。

◎市販の携帯電話用接写レンズを購入する。

機種にあわせて専用のレンズがネットでも購入できる。

兵庫1　淡路島　絵島

貝化石

淡路島北端東側にある岩屋港南の国道沿いにあります。また、車の場合は、高速道路の淡路ICを降りて5分ほどで着きます。島は、徒歩専用の橋で国道と繋がっています。島の北西岸で観察します。島はきれいな砂岩層でできており、その中にはノジュール（右頁写真中の丸い部分）を観察することができます。

島の北西部の海面付近の地層を見てみると、様々な貝化石を観察することができます。一部が割れているものが多いですが、海生の二枚貝や巻貝の化石を観察することができます。下の写真のような貝化石を簡単に見つけることができます。

この地層は、約1500万年前に砂や泥などが海底に堆積してできた地層です。新第三紀中《ちゅう》新《しん》世《せい》と呼ばれる時代です。美しい島を傷つけないように観察してください。　（川村）

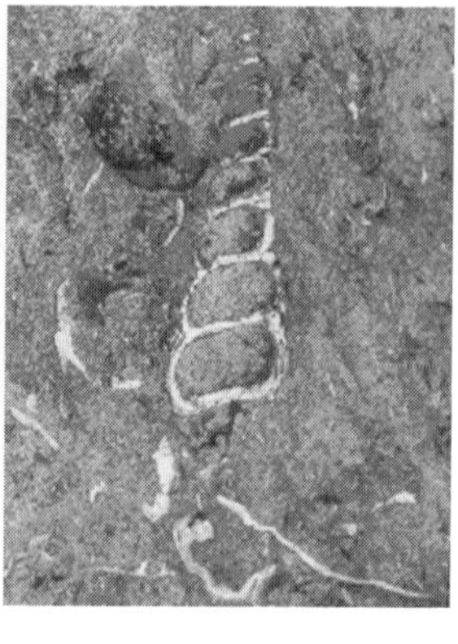

二枚貝（左）、巻貝（右）の化石

絵島の全景

砂岩層とその中の
ノジュール

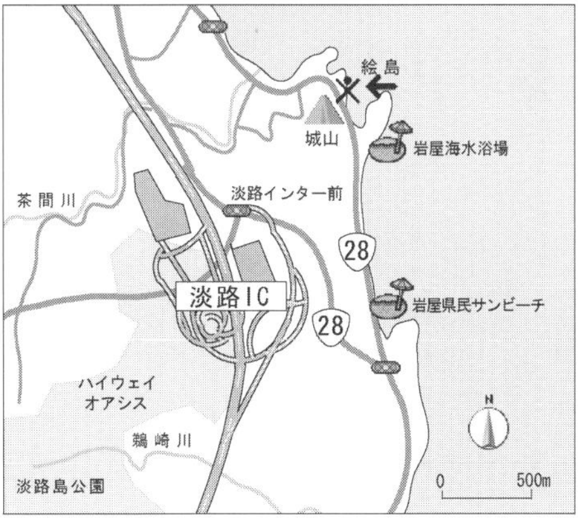

兵庫2　淡路島　野島の鍾乳洞

カキ化石

淡路ICから淡路島の中央部を通る道路（県道157号）を南へ30分ほど走ると、「兵庫県指定文化財　野島鍾乳洞」という看板が見えます。その道を入るとすぐに「カキ石」と書かれた看板の横に砂泥層とともにカキの化石が観察できますが、風化が進んでおり、非常に状態がわるく化石を見つけるのは困難です。さらに、その道を進むとすぐ鍾乳洞の入り口が見えてきます。入り口は植物に覆われており、狭いため中を観察することは難しいです。鍾乳洞の右側に小川が流れ出ています。その水が流れ出ている部分の含礫砂岩層にカキが密集しています。写

カキ化石の密集した地層

真のようにはっきりと観察することができます。

この地層は約2000万年前の地層です。新第三紀中新世と呼ばれる時代です。カキ化石はバラバラに層状となって堆積しているので、死後に水流で集められて堆積したと考えられます。

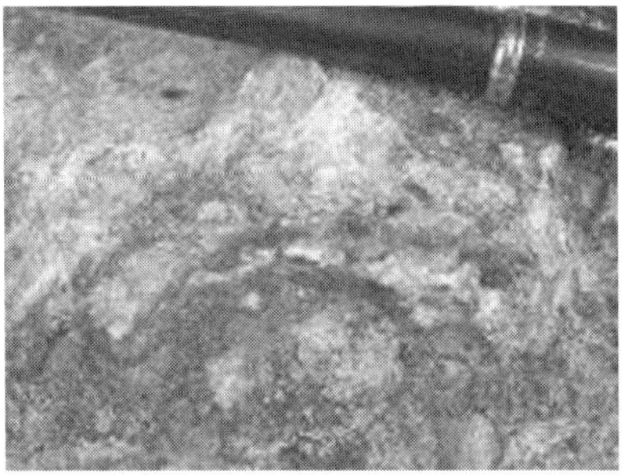

カキ化石（ペンの下側）

<立ち寄りスポット>

☆**野島断層保存館**（北淡町震災記念公園内、0799-82-3020）

地震で現れた国指定天然記念物・野島断層を、ありのままに保存・展示し、いろいろな角度から断層を分りやすく解説しています。また、阪神・淡路大震災の記録を伝える施設も充実しています。臨時休業以外は年中無休。入館料：一般500円、中高校生300円、小学生250円。（川村）

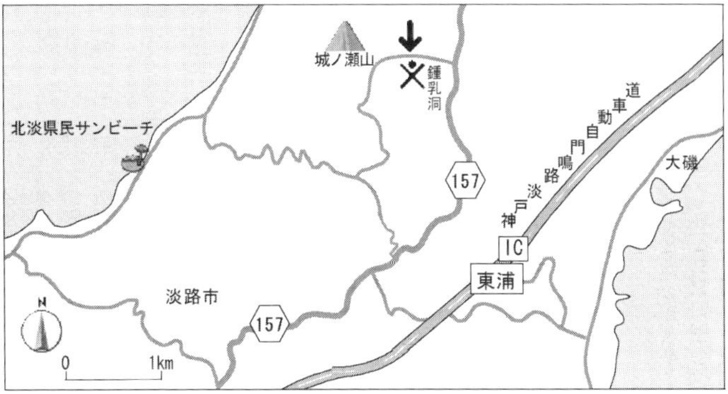

兵庫3　淡路島　阿那賀海岸

二枚貝・生痕化石など

淡路島南ICから車で県道25号を西へと20分ほど走ると、民宿「鳴門荘」があります。この周辺で海岸へとおりることができます。また、鎧岬をまわれば、鳴門大橋を臨むこともできます。この海岸部周辺では、泥岩と砂岩との互層が見られ、化石を観察できます。特に、干潮のときがねらい目です。

この地層を丹念に観察すると、地層の表面に丸みや凹凸をおびた部分が見つかります。よく見てみると二枚貝や生痕化石の一部であることが分ります。また、地層からこぼれ落ちて足下にあるノジュールの中からも化石が見つかることがあります。アンモナイトも見つかることがありますので、根気強く探してみてください。

この地層は、淡路島南部を東西に伸びる論《ゆ》鶴《づる》羽《は》山脈に広がる和泉層群の一部で、約1億年前に堆積したものです。中生代白亜紀と呼ばれる時代です。（川村）

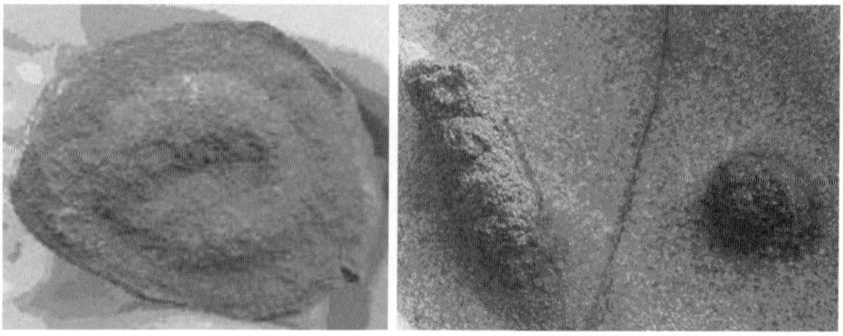

ノジュールや砂岩層内の化石

阿那賀海岸鎧岬

阿那賀海岸にひろがる
砂泥互層

兵庫4　淡路島　地野

生痕化石など

淡路島南ICから車で県道25号を東へと走り、県道76号を南へと合わせて40分ほど走ると、淡路島南端の地野の集落付近に出ます。この周辺の海岸は、阿那賀海岸と同じような砂岩と泥岩の互層が露出しており、化石を観察することができます。特に、干潮のときがねらい目です。

この地層や足下に多量に点在する砂岩や泥岩の礫を丹念に観察すると、地層の表面にたくさんのスジを見ることができます。これは、生痕化石の一部であることが分ります。二枚貝やアンモナイトも見つかることがありますので、根気強く探して

海岸にひろがる砂泥互層

みてください。

この地層は、前項と同じく淡路島南部を東西に伸びる論鶴羽山脈に広がる和泉層群の一部で、約１億年前に堆積したものです。中生代白亜紀と呼ばれる時代です。（前項の地図の下方の矢印が地野）

（川村）

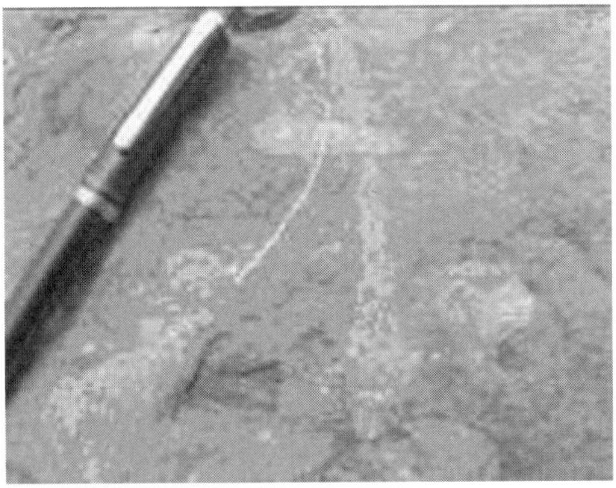

生痕化石（右）や
貝化石（下）

兵庫５　養父市八鹿町　小佐川流域

植物化石

北但層群の地層が出ている崖

観察場所は山陰本線八《よう》鹿《か》駅の西方、約５kmの小佐川河床です。八鹿駅で下車し、石原行きのバスに乗り馬瀬で降ります。農道を南に進むと小佐川に着きます。川の右岸山側と河床にはゆるく傾斜した礫岩、砂岩、凝灰岩の地層があります。この地層は今から約2000万年前に起きた火山活動時期に堆積したもので、兵庫県の但馬地方に分布しています。神戸層群と同じ時代の地層で、北但層群と呼ばれています。この地域はその最下部の基底部にあたり、高柳累層です。この地層からクリやブナ、メタセコイヤなどの植物化石が産出し、観察できます。小佐川の河床におりて転石を探してください。

小佐川に沿って農道を進むと県道にでます。椿色で三叉路になりますが、さらに石原方向に進みます。日光院を経て、日畑方面の分岐を過ぎて約800m進むと左に入る林道があります。この辺りは小佐川河床で見た地層のすぐ上の地層です。この辺りではクリ、ブナ、ヤマモモなどの植物化石や二枚貝や巻貝などの貝化石が観察できます。

植物化石

＜立ち寄りスポット＞

☆**妙見山日光院**（養父町石原、079-662-2817、地図中の●）

石原集落にある日光院の妙見山資料宝物館にはこの付近で採集された昆虫や化石が数多く展示されています。事前に連絡すれば見学ができます。

（平岡、三村）

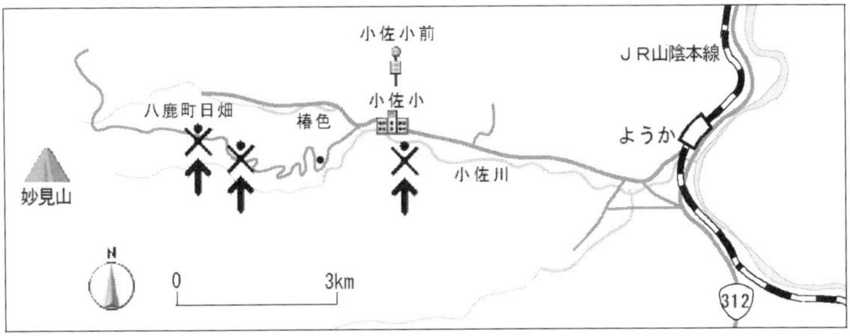

兵庫 6　新温泉町海《うみ》上《がみ》

昆虫化石

昆虫化石の発見付近

JR 山陰本線浜坂駅で下車し、バスで八田コミュニティーセンターへ、町民バスに乗り換えて海上に行きます。八田コミュニティーセンターにはおもしろ昆虫化石館があります。町民バスは運行が平日のみで、本数が少ないので、事前に問い合わせをしてください。

海上のバス停から左に集落の中をとおり、岸田川の支流・小又川に橋までおります。道に沿って上流に約900m 進みますと写真のような杉林があります。この杉林の対岸の崖が化石の産出場所です。1961年に高校生が川原の転石から昆虫の化石を発見したことが端緒になりました。化石は地層中の凝灰質シルト岩から見つかっています。種類が多く、保存がよいので有名です。羽アリ、セミ、コオロギ、カメムシ、アブ、ハチなどの発見がありました。

この崖は兵庫県の天然記念物に指定されています。化石の採集はできません。化石がどのように入っているかを観察しましょう。後でおもしろ昆虫化石館に寄って、産出化石を見学してください。

ここの地層は今から500〜250万年前（中新世〜鮮《せん》新《しん》世《せい》）に湖に堆積した地層です。300万年前ごろ、但馬地域で激しい火山活動がありました。当時、この付近にあった古照来湖の周辺に生息していた昆虫が火山灰や泥などに埋まって化石になったと考えられます。

＜立ち寄りスポット＞

☆おもしろ昆虫化石館（美方郡新温泉町千谷850　八田コミュニティセンター内、0796－93－0888）

海上の昆虫化石や世界の珍しい化石、200 点以上を展示しています。“見る・探す・学ぶ”体験型の学習・見学施設です。海上の凝灰質シルト岩から化石探し体験コーナーもあります。また、展示物を写真撮影ができます。

開館時間：９〜17時（入館は16時30分まで）月曜休館　入館料：大人100円、子供50円

（平岡、三村）

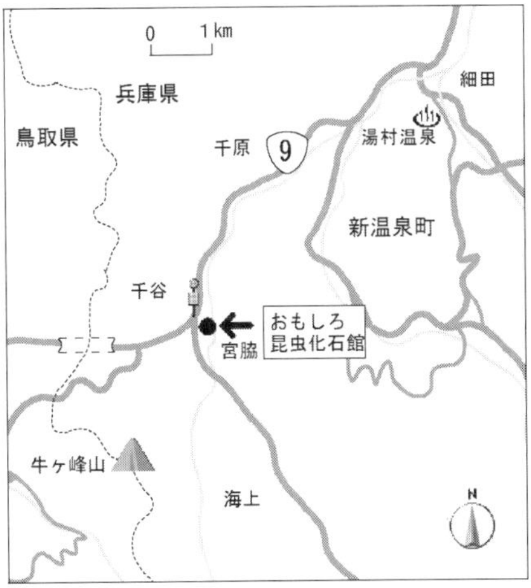

兵庫7　豊岡市　猫崎半島

淡水魚類化石・足跡化石など

猫崎半島の海食台

JR 山陰本線竹野駅で下車し、駅前からバスに乗って竹野で降ります。歩いて約600m 竹野川に沿って進むと猫崎半島の付け根です。そこから防波堤を越えて海食台に降りてください。

ここの地層は香住海岸にでている地層と同じ時期のもので、八鹿層とよばれています。この海岸の海食台から長鼻類の臼歯の化石や淡水魚類化石、足跡化石や淡水の貝類などの産出が報告されています。周辺は足跡化石を保護するためにセメントで覆われています。木材の化石（材化石）が多く見られ、流木が地層中に埋もれたものと考えられます。

覆われたセメントが剥がれて、足跡化石らしい丸い窪みが観察できます。すぐ北側には海食台が進むときに波浪の力でできたと思われる亀穴（ポットホール）が並んで三つもできています。防波堤から地図上で約250m、回り込むと一軒の宿泊施設があります。海食崖の上部に驚くほど長い流木が材化石となって地層中に取り込まれているのが見られます。

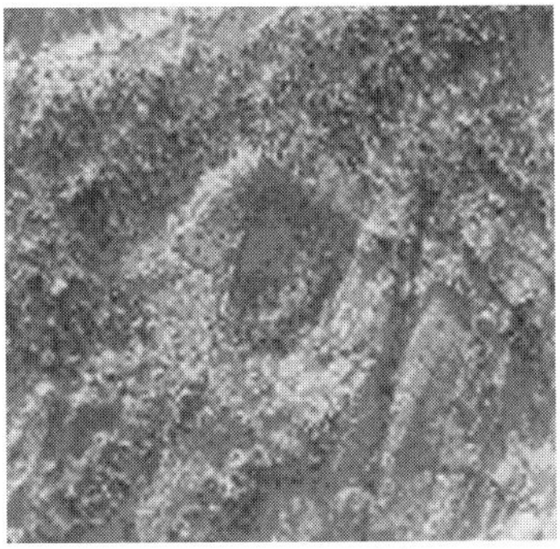

中央のくぼみが足跡化石

近くに径が6～10cmのほとんど球形の団塊（ノジュール）が浸食された地層の表面に見つかりました。団塊の小型のもので、地層中のカルシウム分が砂粒をつないでいると思われます。

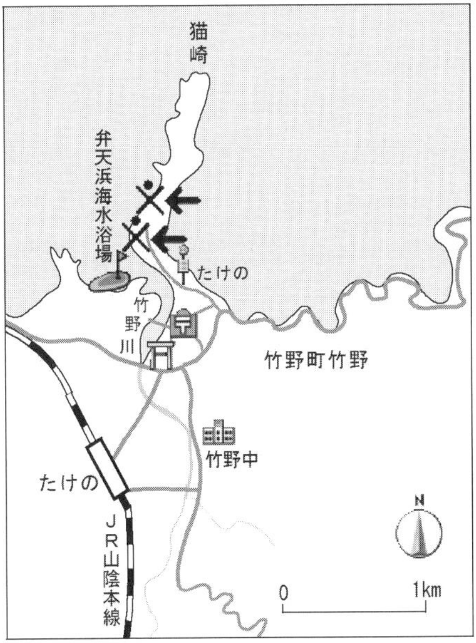

（平岡、三村）

兵庫8　香美町　下浜海岸

足跡化石・漣痕

目的地はJR山陰本線香住駅で下車し、徒歩で約15分の下浜海岸です。下浜漁港の南側に、県立香住高等学校の艇庫があります。この辺り一帯は国立公園指定区域ですが、この足跡化石を多くの方々に観察してもらうために公開されています。

目的の化石露頭は艇庫の東側の海岸です。砂泥互層の表面に多数の足跡化石が観察できます。ここの足跡化石は2003年4月に見つかりました。ここでは長鼻類のゾウや奇蹄類のサイ、偶蹄類のシカ、鳥類のサギやツルなどの足跡化石や漣痕（海底の砂の表面にできた波模様）を観察することができます。

ここの地層は今から1800万年前から1700万年前（新生代第三紀中新世）に堆積したものです。北但層群の豊岡累層、香住部層と呼ばれています。豊岡累層は丹後半島から鳥取東部に分布していますが、この地域以外では海生動物化石を含む海成堆積物です。この香住地域だけが淡水性の貝や魚の化石が発見されているので、淡水成の堆積物だと考えられています。

このような大型哺乳動物の足跡化石の発見は植物の葉や動物の骨の化石と異なって、当時、この場所でそれらの動物が生活していたことを証明するものです。当時アジア大陸から離れて、日本列島が形成されつつあった時期にあたり、日本海側に湖があって、大型の哺乳類が生活していたと考えられています。また、近くの地層からカエデやケヤキの化石がでることか

4 個の足跡行跡の化石

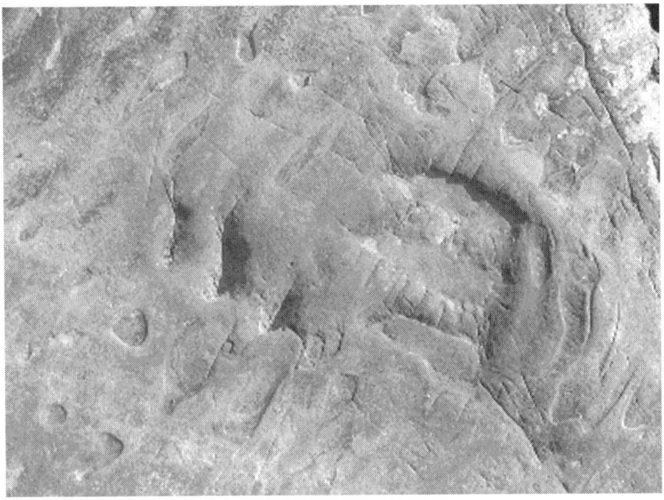

漣痕に刻まれた足跡化石。漣痕の波長が 3 ～ 5 cm で、
浅い湖底であると推定されている

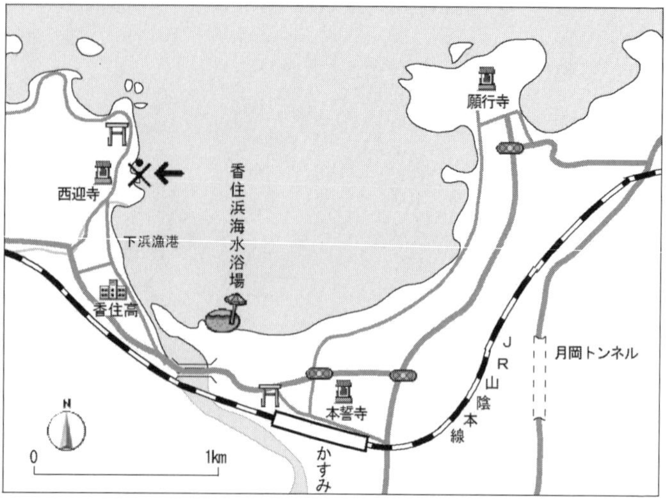

ら、当時は今より少し暖かい気候であったことが推定されています。

入口の説明板によると、足跡化石は五つの区に形態別に分けられています。最初は足跡化石が見分けにくいですが、目が慣れると次から次へと足跡が見つかります。説明板の第 2 区43～55cm の間隔で 4 個の足跡行跡（前頁の上の写真）、第 3 区の中央部に東から西に向かう四つの足跡の行跡が観察されます。

地元の香美町教育委員会（小代分室、0796-97-3966）に連絡すると、パンフ「香住の太古を静かに語る足跡化石」や宿泊施設の紹介や宿泊者の散策コースの案内がいただけます。漣痕の波長が 3 ～ 5 cm です。このことからごく浅い湖底であると推定されています。

（平岡、三村）

奈良1　奈良市・宇陀市　貝《かい》ヶ《が》平山《ひらやま》

貝化石

　奈良交通バス停「貝が平口」下車、貝ヶ平山への登山道を登ります。民家がなくなり、森のなかの登山道を進むと、配水池の建物があります。配水池の建物を過ぎて、少し登った右手の林のなかに室生火山岩の柱状節理を見ることができます。さらに進むと左に分かれるセメント道との三叉路付近があります。この三叉路を左に曲がらないで、舗装していない地道をそのまま登ります。登山道を登りきり、平坦になった道を進むと左手に山神龍王の社があります。この社の先で平坦な道が西に下るセメント道になります。セメント道のはじまる付近に左手の山に沿った踏み分け道があります。この踏み分け道が、貝ヶ平山への登山道です。約500m 進むと、貝ヶ平山と鳥見山の分岐を示す道標があります。この道標から鳥見山方面に約150m 下ると、鳥見山へ行く尾根道と玉立橋・青竜寺への道の分岐があります。玉立橋・青竜寺への道の分岐点は、示したテープが杉の木に巻いてあるだけで、わかりにくいので道を間違えないようにしましょう。分岐点から玉立橋・青竜寺への道を約

貝ヶ平山の崖

地層の表面に見られる二枚貝の化石

100m下ると、いきなり登山道に岩が現れ、左に崖があります。写真（前頁）の中央上から左下に見えるのが登山道、右端に崖の端が見えています。崖は大きな崖ではありません。

この崖を観察してみましょう。地層が重なっているのが観察でき、二枚貝の化石が含まれています。地層の面に沿って二枚貝が合わさった形で観察できます。貝殻は溶けていて殻の印象だけが残されています。

これらの地層は約1500万年前の第一瀬戸内海の海底に砂や泥が堆積したもので、山辺層群外の橋泥岩層と呼ばれています。新生代新第三紀中新世の時代に堆積した地層です。地図の地点では、二枚貝や巻貝などの海にすむ生物が観察できますが、植物化石はあまり見ることはできません。奈良市都祁《つげ》吐山《はやま》、宇陀市室生区向淵《むこうじ》などでも同じ地層を見ることができます。

第一瀬戸内海に堆積した地層は長野県から島根県に分布しており、この近くでは三重県一志、曽爾村山粕、奈良市藤原、京都府宇治田原で見ることができます。

崖を崩して化石を採取することは地元の人に迷惑をかけます。足元に落ちている転石にも化石が入っていますので、崖を崩さずに化石を観察しましょう。他の人のためにも崖を崩すことのないように、ここでは化石が含まれる状況を観察するだけにしましょう。

<立ち寄りスポット>

☆クロスラミナ

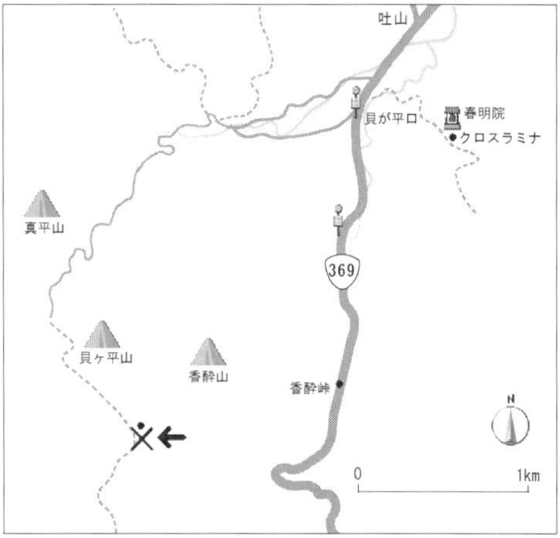

　奈良市都祁吐山の南、春明院《しょうみょういん》の崖の砂岩層に残された、水の流れが作った模様（クロスラミナ）が観察できます。この砂岩は山辺層群です。クロスラミナを測定した結果、南東方向からの水の流れにより運ばれてきたことが分っています。この崖の上は墓地となっており、ハンマーなどは使用できません。観察するだけにしましょう。

（池田）

水の流れが作った模様（クロスラミナ）が観察できる

京都1　宇治田原町　奥山田

貝化石

京都府の南部、宇治市の南に広がる宇治田原町の鷲峰山のふもとには、新生代第三紀の約1500万年前の地層が分布しています。この地層から貝などの化石がたくさん出てきます。見つかる化石は、スダレハマグリ、ウソシジミ、ゲンロクソデガイ、オオキララガイ、カガミガイ、アカガイ、カキなどの二枚貝や、キシャゴ、キリガイダマシなどの巻貝やフジツボの化石などです。

宇治田原町へは近鉄京都線の新田辺駅で降り、京阪バスに乗り工業団地口で下車します。そこから徒歩で現地まで行きます。車の場合は、京奈和自動車道の田辺西 IC で降り、国道307

貝化石の見つかる地層

号線に入り東へ向かいます。約10km 進むと宇治田原町に入ります。さらに進むとトンネルがありそれを越えた少し行ったところを右に入った辺りの崖で化石を観察します。

さらに東に進み、大福や奥山田の集落にも化石を見つけることができます。いずれの場所も崖に直接化石が密集しているのでそのまま観察することができます。（柴山）

二枚貝化石が密集している

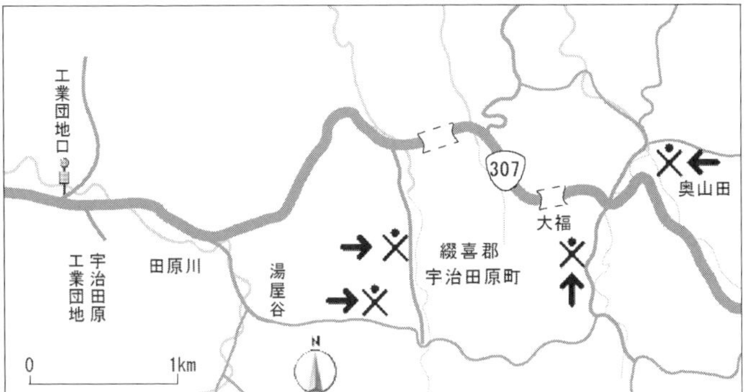

京都 2　西京区　善峯寺の北方

フズリナ・ウミユリ

善峯寺へは阪急京都線の東向日で降りてバスで行く方法がありますが、自動車をお勧めします。善峯寺は西国第20番の札所です。遊竜松でも有名です。境内の石段に石灰岩が使われていますが、その階段にフズリナやウミユリの化石を多数見ることができます。この石材は京都西山から切り出されたもので 3 億年前～ 2 億 5 千万年前（古生代の石炭紀～ペルム紀）に堆積した丹波層群に含まれる石灰岩です。

石灰岩の露頭は数ヶ所あります。比較的容易に行ける露頭は大原野まで戻って、府道733号線を金蔵寺の分かれ道まで進み、岩倉川を渡り450m 行きますと道際に 3 層の石灰岩がでて

境内の石段

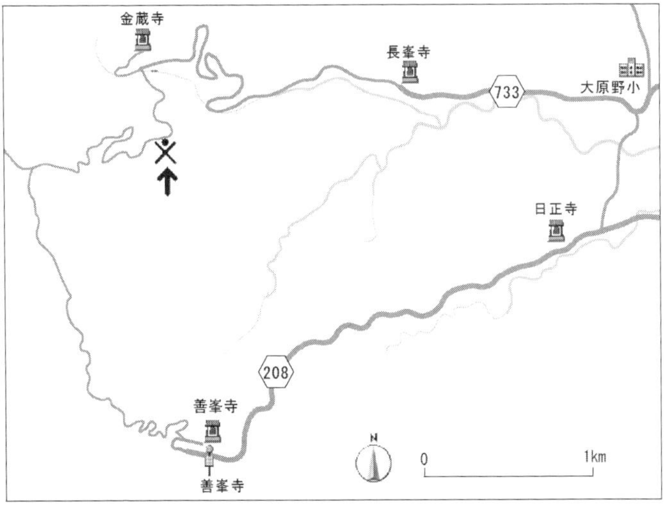

います。周りの転石をさがしてください。フズリナ、ウミユリの化石が見つかるでしょう。

<立ち寄りスポット>

☆**善峯寺**（京都市西京区大原野小塩町、075-331-0020）

拝観時間：８時～17時　入山料：400円

（平岡、三村）

石灰岩の表面

京都 3　左京区　鞍馬貴船町

フズリナ・ウミユリ

叡山電鉄の貴船口で下車し、貴船川に沿って約1.8km 上流に行くと鞍馬山の入山口の西門があります。鞍馬山は信仰の道場ですので節度ある行動をしましょう。奥の院魔王殿は石灰岩の露頭の上に建てられています。注意して石の表面をルーペで観察するとほとんどの石灰岩にはフズリナやウミユリの化石を見つけることができます。この付近の石灰岩は今から約2億5～6千万年前（古生代ペルム紀）にできた海底火山の上にできたサンゴ礁で、赤道付近からプレートによって運ばれてきたものです。

＜立ち寄りスポット＞

☆**鞍馬山霊宝殿**（鞍馬山博物館、鞍馬本町1074、075-741-2003）

魔王殿付近

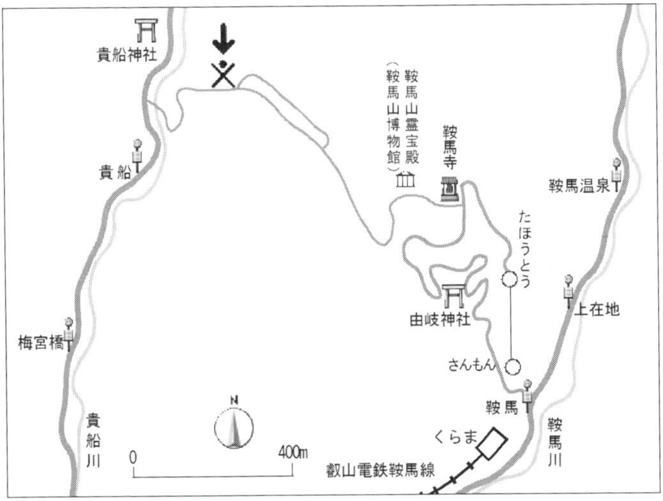

木の根道を経て、山頂を越え、湧水の息つぎの水を下った広場にあります。１階に自然科学博物苑展示室があり、この付近の地質図、地史、岩石や化石の標本が展示されています。

開館時間：９時～16時、休館日：月曜日、12月12日～２月末、入館料：大人200円、小人100円

☆**鞍馬寺**

鞍馬山の南斜面にあるお寺で、牛若丸（源義経）が修行をした地として有名です。新西国十九番札所でもあります。本堂から貴船方面に向かうと前述の魔王殿があります。

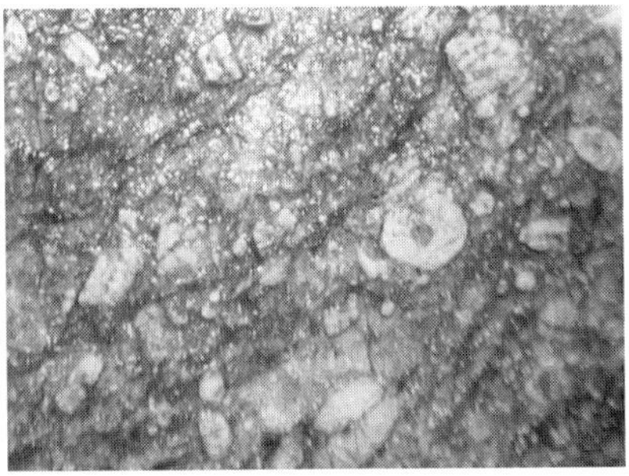
ウミユリの化石

（平岡、三村）

京都4　福知山市　夜久野町日置

ミネトリゴニアなど

JR山陰本線下夜久野駅で下車し、牧川に沿って西へ約3.5km、河床の北側に露頭があります。位置的には上夜久野駅と下夜久野駅のほぼ中ほどです。露頭に向かう9号線沿いの途中、額田に鳴岩神社があります。祠はありませんが、道路側に色とりどりの涎掛けをしたお地蔵様が並べられています。耳を近づけてみると石灰岩の奥に流れる水の音がします。石灰岩の表面を探しますとフズリナやウミユリ、サンゴなどの化石が観察できます。

日置の集落の手前、牧川が道路に迫る部分の河床に露頭があります。この付近は今から約2億4千万年前、中生代の初めの

牧川の露頭

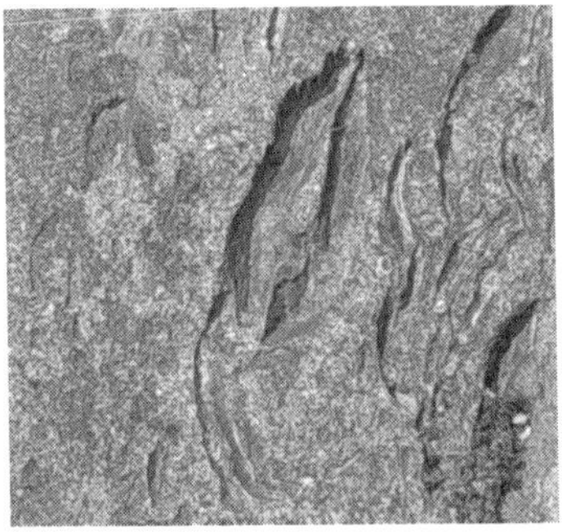

ミネトリゴニアの出ている崖（左）と復元図

ボウスイチュウの化石

三畳紀に堆積した地層です。舞鶴帯の難波江層群と呼ばれています。ここからは二枚貝のミネトリゴニアという化石が観察できます。

この貝は形が三角形に近いことと彫りの深い溝に特徴がありますので、容易に識別ができます。「ミネ」とは山口県の美祢層群内で最初に発見されたことに因ります。同じ化石が他に綾部市、舞鶴市、福井県の高浜町と見つかっています。この化石は浅い海に生息していたことから山口県から若狭まで浅い海が続いていた古環境が考えられます。ミネトリゴニアは２億～２億４千万年前（中生代三畳紀）の示準化石として有名です。

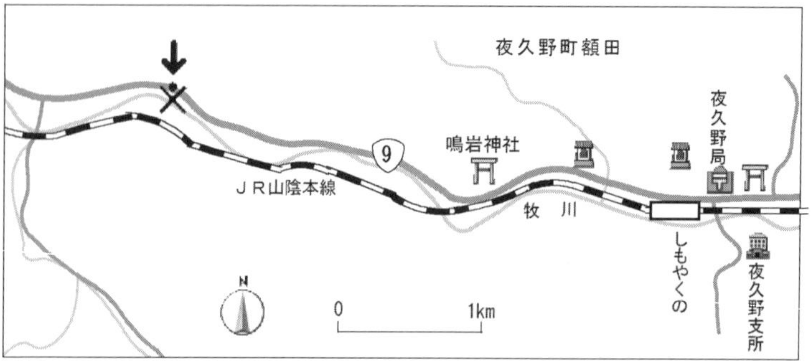

＜立ち寄りスポット＞

☆**夜久野町　化石・郷土資料館**（JR 上夜久野駅すぐそば、福知山市夜久野町2150、0773-24-7065）

開館時間：13時～17時、休館日：水曜日、年末・年始、入館料：大人100円、中学生以下無料

ミネトリゴニアやアンモナイトやペクテンなどこの付近で産出する化石を展示しています。

☆**夜久野高原温泉「ほっこり館」**（夜久野町化石・郷土資料館の前、0773-38-9800）

日帰り温泉。泉質：単純温泉（低張性中性温泉）、営業：10時～22時、休業：水曜日、料金：大人600円、子ども300円

☆**夜久野玄武岩公園**

JR 夜久野駅前から町営バスで玄武岩公園前で下車。

（紫山）

京都5　京丹波町　質志鍾乳洞公園

フズリナ

質志鍾乳洞公園

京都縦貫自動車道丹波ICの北西方向約14kmの地点です。国道9号線を和田から綾部街道へ進み、約8kmのところに質志鍾乳洞公園があり、瑞穂トンネルの手前に専用駐車場があります。鍾乳洞公園に入ると白っぽい石ころが転がっていますが、これが石灰岩です。手に取ってみると表面に米粒くらいの大きさで同心円の構造を持ったフズリナ化石を見つけることができます。ルーペで見るとよくわかります。

ここの鍾乳洞は1927年に発見されました。京都府内で唯一の鍾乳洞です。鍾乳洞では珍しく竪穴です。鍾乳石や石筍が観察でき、洞内はよく整備されています。

フズリナ化石

榎峠は今では瑞穂トンネルになっていますが、榎峠の南西斜面で石灰岩の採石が行なわれていました。そこの石灰岩は淡い紅色がまだらに入った美しいものです。昔から京都では京錦の名称で親しまれてきた珍しい石材です。公園内にも注意して探しますと赤みがついた石灰岩が転がっています。

ここの石灰岩は質志石灰岩と呼ばれ、地層の厚さが200mもあります。今から2億6～7千万年前（古生代二畳紀）に海底火山の上に堆積したものです。一度、隆起して陸化し、浸食を受け再び沈降して砂や礫が堆積した歴史があります。このような経

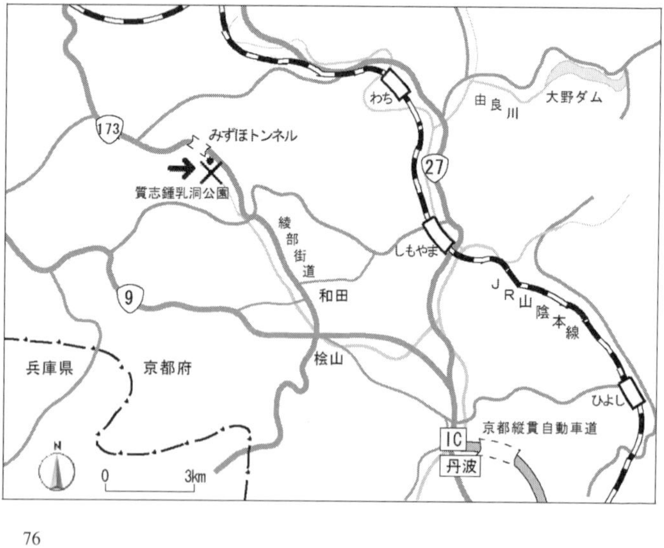

過は発見された化石や地質構造によって明らかになりました。

公園内の休憩所兼レストランには京錦の石材やフズリナやウミユリの化石が展示されています。

質志鍾乳洞公園事務所　TEL：0771-86-1725

１月２月は閉園、入園料大人510円、小人300円

＜立ち寄りスポット＞

☆質志鍾乳洞湧水

質志鍾乳洞公園内にあります。公園に入って谷川に沿って進むと道と谷川の間に石垣で囲まれた湧水があります。湧出量は多くありませんが、石灰岩の中を通っての湧き水のために硬度が高くなっています。弱酸性の中硬水です。　（平岡、三村）

公園内の湧水

滋賀1　日野町　蓮花寺

立ち木化石など

立ち木化石

滋賀県の南東部鈴鹿山脈のふもとに広がる水口丘陵があります。この丘陵は今から170万年前に昔の琵琶湖の底に堆積した地層でできています。

近江鉄道本線桜川駅で下車し、佐久良川に沿った道を徒歩で東へ約2km行くと、蓮花寺の集落のバス停があります。そこから南へ曲がりすぐに佐久良川にかかる牛飼橋に着きます。この橋を挟んで上流側や下流側の河床に泥層の地層が出ており、その河床に太い切り株のような立ち木が点在しています。

これは立ち木のまま化石になったもので、立ち木化石と呼び、その化石が同じ地層に根を張り散在している場所を化石林と呼んでいます。この化石林は泥層に根を張っており、泥層から多くの炭化した植物片が見つかります。その中にはメタセコイアの球果化石もあります。この植物は当時の気候を考える上で大切なものです。メタセコイアはスギ科の植物で約7000万年前から170万年前の間に世界中で栄え、それ以降気候が寒冷化したためその姿を消しました。ところが1946年に中国の四川省でメタセコイアの原生種が発見され「生きた化石」として有名になりました。

（柴山）

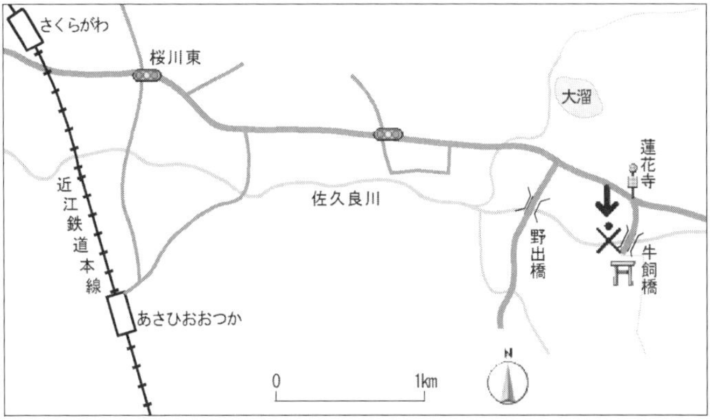

木の幹と種子の化石

滋賀2　**野洲市　野洲川**

足跡化石

JR草津線三雲駅で下車し、国道1号線まで歩き、国道の下をくぐると横田橋の歩道にでます。横田橋から野洲川下流方向の河原全体を見ることができます。横田橋を渡り、野洲川の流れに沿って、新生橋まで歩きます。新生橋の下から野洲川の河川敷におりると、古琵琶湖層群の粘土層が露出しています。1988年に野洲川のこの河床から足跡化石が多数発見されました。

川の流れに沿って崖があり、地層を観察することができます。この崖の上にはいくつものくぼみがあります。このくぼみは、ゾウやシカなどの動物の足跡が化石として残ったものです。この地層は、今から約250万年前の古琵琶湖に堆積したものです。当時、この付近は湿地帯に多くの動物が集まっていたと考えられています。

野洲川の河川敷

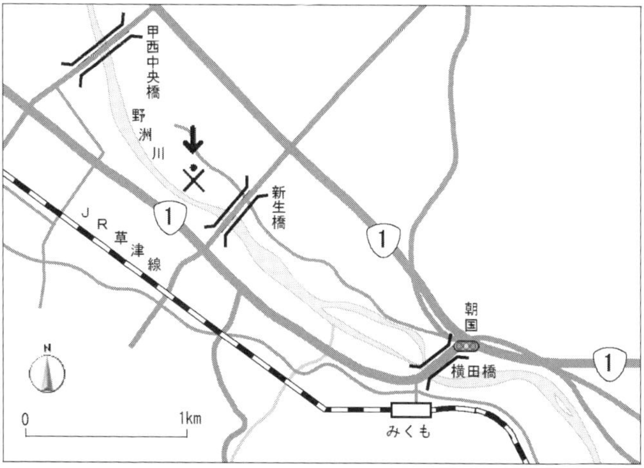

この周辺の崖からは、黒く炭化した木の株の化石、メタセコイアなどの球果の化石も見つかります。河原をこのまま下流の甲西中央橋まで歩き、橋を渡ったところには、足跡化石メモリアルパークがあります。ここにはメタセコイアやイチョウなど当時繁茂していた植物が植えられていて、当時の森の様子をしのぶことができます。河床で観察した植物の化石と比べると、化石の植物の名前が分るかもしれません。

<立ち寄りスポット>

☆**琵琶湖博物館**（草津市下物町1091、077-568-4811）

自然・環境・文化などさまざまな視点から琵琶湖について展示しています。野洲川の足跡化石や愛知川の化石林の実物大レプリカも展示されているので、観察の前に立ち寄るとよいでしょう。休館日：月、年末年始。入館料：一般600円、高校生・大学生400円、小中学生250円。（千葉）

滋賀3　甲賀市土山町　鮎《あい》河《が》

生痕化石

鮎河層群の露頭

新名神高速道路を甲賀土山 IC で降り、国道 1 号線を名古屋方面に走ります。猪鼻の交差点を左折し、黒滝口バス停から鮎河方面に、さらに約 2 km 進むと道路の左側に大きな露頭が現れます。露頭の手前にある小さな橋、中畑橋が目印です。この橋の手前から水の流れる溝におりますが、水量が多いときは注意しましょう。

まず、この露頭全体を観察しましょう。この露頭は、今から約1700万年前の海に堆積した地層で、このあたりの地名に由来して鮎《あい》河《が》層群と呼ばれています。この露頭の中ほどには砂岩層があり、その下層には層理面に直交するように細長いサンドパイプを見ることができます。サンドパイプは、貝やカニなどの干潟に生息している生物の巣穴にあたります。このような生物の痕跡の化石を生痕化石と呼びます。

この露頭は崩れやすいので、転石や河床を観察しましょう。転石や河床をじっくり調べると、二枚貝や巻貝の化石が見つかることがあります。

土山町で産出した化石は、このルートの途中にあるふるさと生きがいセンター六友館に展示されています（休館日：日・月）。

（千葉）

サンドパイプ

滋賀4　多賀町　エチガ谷・権現谷

サンゴ・ボウスイチュウなど

石灰岩の石が転がっている

滋賀県の東部の霊仙山のふもとにある河内風穴と呼ばれる鍾乳洞がある付近に権現谷があります。この付近一帯は古生代の石灰岩でできています。

近江電鉄多賀線の多賀大社前駅で下車し、そこから徒歩ですと2時間半ほどかかるので車で行くしかありません。河内風穴を過ぎてすぐの谷を右に入ると権現谷です。

権現谷に来るまでの道筋に沿った川の中に白い石が転がっていますが、この石が石灰岩と呼ばれるもので、約2億年前のサンゴなどでできた石です。そのため、その石をよく見るとサンゴやボウスイチュウ、ウミユリなどの化石が含まれています。

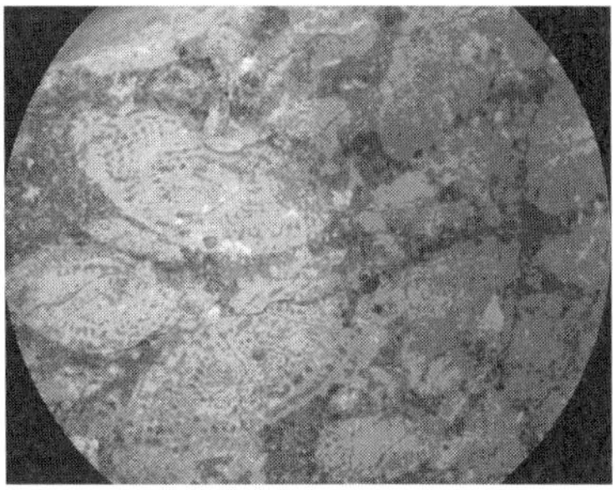

白い部分がボウスイチュウ

このほかこの付近では腕足類や三葉虫の化石が出ることも報告されています。

権現谷では、河原にある石灰岩や、崖に出ている石灰岩の表面をよく見ていくと1cmくらいの円形や楕円形の同心円構造が見つかります。これがボウスイチュウと呼ばれるプランクトンの一種です。この生物はすでに絶滅していて現在では化石でしか見ることができません。

また放射状の構造が見つかればそれはサンゴです。このほか5mmくらいの円形のものはウミユリの茎の化石です。これらの化石はかつては赤道付近の暖かい海で生息していたものです。その遺骸が積もって石灰岩となり、プレートの移動で現在の日本付近まで運ばれてきたものです。　　　　（柴山）

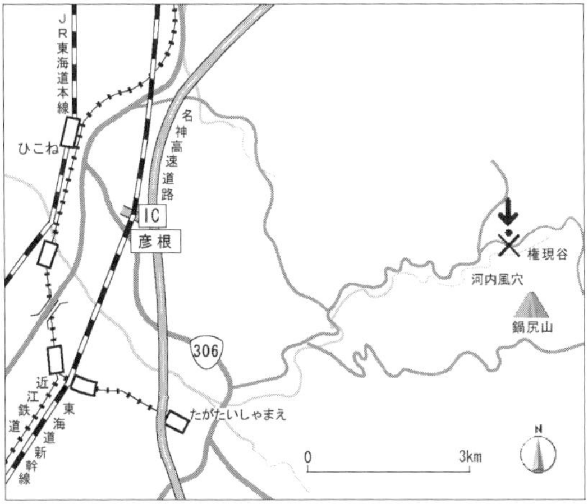

滋賀5　米原市　伊吹山

サンゴ・フズリナなど

JR 東海道線関ヶ原駅で下車し、近鉄名鉄バス伊吹山山頂行きに乗り換え、伊吹山ドライブウェイを走ることおよそ1時間30分で伊吹山山頂の駐車場に着きます（バス運行は季節により土・日・祝のみとなっています。バス運行時刻は近鉄名鉄バスに直接問い合わせてください）。自家用車を利用する場合には、名神高速道路関ヶ原 IC で降り、国道365号線をドライブウェイ案内標識に従っておよそ10分でドライブウェイ入り口に着きます。入り口から40分あまりで伊吹山頂上直下の駐車場に着きます。

駐車場から山頂に向かう遊歩道を歩くと山頂に着きます。遊歩道の左右には伊吹山を作っている石灰岩を見ることができま

伊吹山全景

ウミユリの軸の化石

す。石灰岩は全体的に白っぽい色をしています。石灰岩中に含まれる化石はサンゴやフズリナ、ウミユリなどがあります。山頂に着くと山小屋があり、店の前に伊吹山の化石として化石を含む石灰岩が置いてあります。まずはその石を見てどのような化石が含まれているのか見てみましょう。

伊吹山をつくっている石灰岩はおよそ2億6千万年前、赤道付近にあったサンゴ礁からできています。そのサンゴ礁が長い時間をかけて伊吹海山といわれる海底火山に乗って北上してきました。そしておよそ1億8千万年前、日本列島の骨格となる大陸プレートに衝突して盛り上がり地表に顔を出して現在の姿となりました。

山頂付近を一周するように遊歩道が整備されています。遊歩道の側や山頂の店などの建造物の土台に使われている石灰岩の表面を注意深く観察していくと、フズリナをはじめとするいくつかの種類の化石を見つけることができます。化石を見ながら伊吹山がかつては海の底にあった当時の様子を想像してみましょう。

伊吹山はお花畑でも有名です。各種高山植物を見ることができるということで多くの登山客が訪れています。石灰岩を観察するときに高山植物を傷つけないように注意してください。また、山の天気は急に変化をすることもあります。天候の急変にも注意が必要です。

＜立ち寄りスポット＞

☆**自然博物館—エコミュージアム関ケ原—**（岐阜県不破郡関ヶ原町大字玉1565−3、0584−43−5724）入場無料、休館日：月曜日・年末年始。

伊吹山やその周辺の自然を展示しています。入り口からは伊吹山がよく見えます。（芝川）

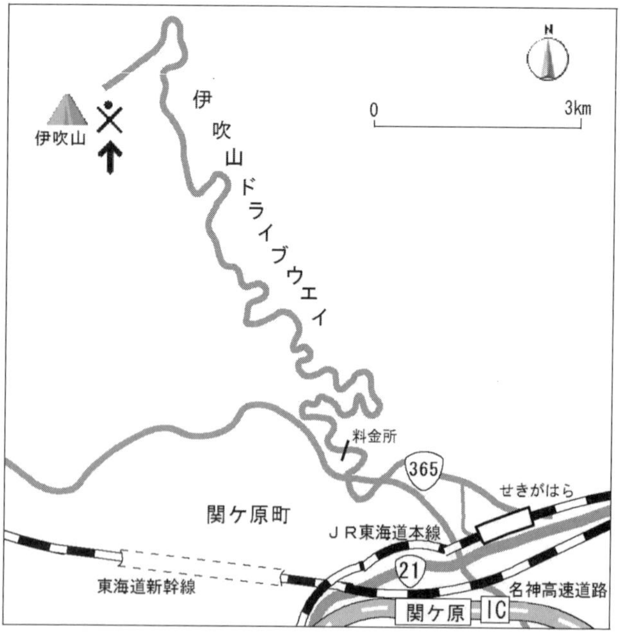

滋賀6　高島市　安曇川

化石林

河原にある化石林

JR湖西線安曇川駅で下車をして、駅前から「朽木学校行き」、または「長尾行き」のバスに乗り、長尾バス停で降りて、安曇川に向かって歩くと両台橋があります。橋の手前にある道を河川敷へとおりていきます。川に沿って上流へと向かって500 mほど歩いていくと粘土層の中に化石林を見つけることができます。

そこからまだ上流に歩いていくと何ヶ所か、化石林が粘土層から顔を出しているのを見つけることができます。

ここの地層は古琵琶湖層群の一部で高島累層と呼ばれるもの

安曇川と
両台橋

粘土層にたくさんの植物破片が入っている

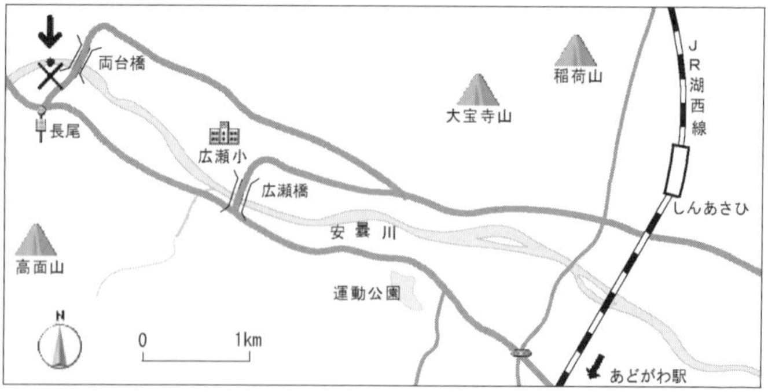

で第四紀に堆積した地層です。この地層は同じように湖東や湖南に見られる琵琶湖周辺の古琵琶湖層群よりも形成された時代としては新しいものです。古琵琶湖層群の最上部に位置する地層となります。

この地域を流れる安曇川は上流の朽木渓谷から流れて下り、この付近から平地を流れるため流速がなくなり扇状地を作り、大きな三角州をこの地域一帯で形成しています。そのため、河川の大きさに比べて流水量は比較的少ないです。

安曇川の河原には化石林だけでなく、植物化石を含むブロックが転がっています。じっくりと観察をして見つけてみましょう。

※注意　安曇川の水量が多いときには、化石林も水没している可能性があります。河原にはおりないように注意してください。

＜立ち寄りスポット＞

☆グリーンパーク思い出の森「くつき温泉てんくう」（0740−38−2770）

安曇川沿いの県道23号線を上流に車で走ると国道367号線通称「鯖街道」にでます。高島市朽木の集落には若狭街道の名残りである本陣跡なども残っています。

くつき温泉てんくうは朽木から少し離れた山の中腹にあります。

（芝川）

和歌山1　広川町　天皇山の海岸

二枚貝

天皇山の海岸

JR紀勢本線湯浅駅で下車し、南西へ約2kmの海岸で観察します。道路から海岸に下りる鉄製の階段を下りて観察します。海岸にはいろいろな大きさの丸い石ころが散らばっています。これらの石をよく観察していくと、黒い石に白色で丸くしるしをつけたような石を見つけることができます。この白い丸は、貝殻の断面なのです。

ここでは二枚貝の化石を観察しましょう。写真のような二枚貝の断面が石の表面で見られます。丸いものや、ハート型のもの、中には二枚貝の1枚だけ断面が見えているのもあります。さらに海岸に沿って北の方に進んでいくと砂岩や泥岩の縞模様

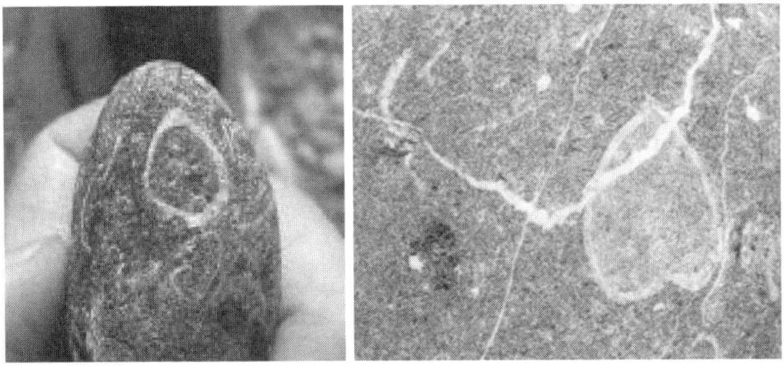

石の表面に二枚貝の化石の断面がある

砂岩層の中にカキの化石が集まっている（白い部分）

が見られます。白っぽい方が砂岩で、黒っぽい方が泥岩です。

この縞模様を地層といいます。この地層は約１億3000万年前に海底に砂や泥が堆積してできたものです。中生代白亜紀と呼ばれる時代で、ちょうど陸上では恐竜が生息していたころです。近くの海岸の地層から恐竜の化石も見つかっています。

この地層を詳しく観察していくと二枚貝がたくさん集まっている部分なども見つかります。

この付近の海岸で観察可能な化石は、マガキなどのカキの種類やシジミ、ユキノアシタガイ科に属する二枚貝やタニシのような巻貝などです。またアンモナイト、イノセラムスやシダ状

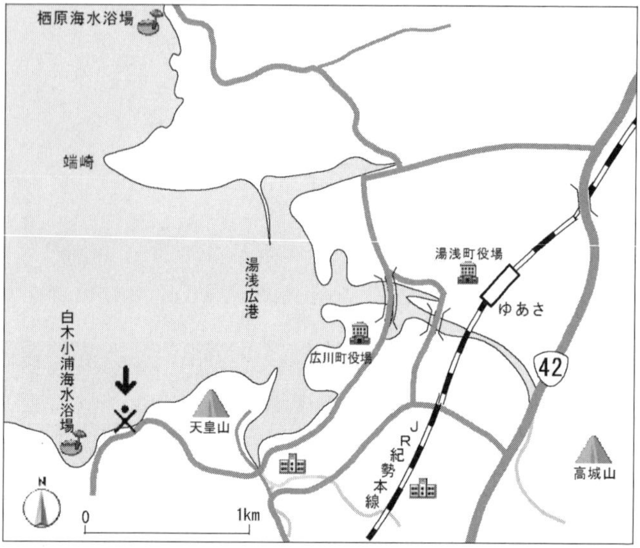

植物の化石も観察できる可能性があります。

＜立ち寄りスポット＞

☆**稲むらの火の館**（広川町広671、0737-64-1760）

尋常小学校の国語の教科書にもその話が載るほど有名な、津波から村人を救った浜口梧陵の記念館で、津波防災教育センターにもなっています。防災体験室、津波シミュレーションや3D津波映像シアターなどがあり、津波を中心に災害について学習することができます。

休館日：月、火曜、年末年始

入館料：一般500円、高校生200円、小中学生100円

（上島）

和歌山2　有田川町　鳥屋城山

植物破片・アンモナイトなど

JR紀勢本線藤並駅で下車し、バスで金屋口まで行きます。バスの本数が少ないので時刻を調べておきましょう。バス停の金屋口から有田川にかかる金屋橋を渡り、金屋中学校に向かって東へ約1kmほど歩きます。中学校は山のふもとにあるので、そこまで坂を上っていきます。中学校の東側に鳥屋城山への登山口があります。登山口からしばらく歩いていくと、祠がありますが、さらにどんどん山に登って行きましょう。見晴らしのよいところに着きました。東側を見ると近くに中学校のグランド、遠くに海が見えます。

このあたりの足元をよく見てみましょう。たくさんの石が散らばっています。その石を一つ手に持ってよく見ると、黒い模様が入っているのが分ります。

アンモナイト化石の一部

この黒い模様は植物の破片の化石です。この辺りの地層は、今から約8000万年前の地層です。恐竜がいた時代の中生代白亜紀の終わりごろの地層です。さらに注意深く足元の石を見ていると、アンモナイトや二枚貝の化石が見つか

鳥屋城山へ登る山道

ることがあります。前頁の写真はアンモナイトの殻の一部の化石です。

8000万年前の昔、このあたりは海の底でした。そこに住んでいた、アンモナイトや貝が泥に埋まり、化石になりました。そして、長い年月をかけて海の底が陸になり、さらに山となって今のような鳥屋城山になったのです。

<立ち寄りスポット>

☆**鳥屋城址**（有田川町）

鳥屋城址は鳥屋城山にあった戦国時代の城跡です。案内の看板によれば、天正13年（1585）城主・畠山貞政の時、秀吉の紀州討伐により落城したとのことです。　　　　（上島）

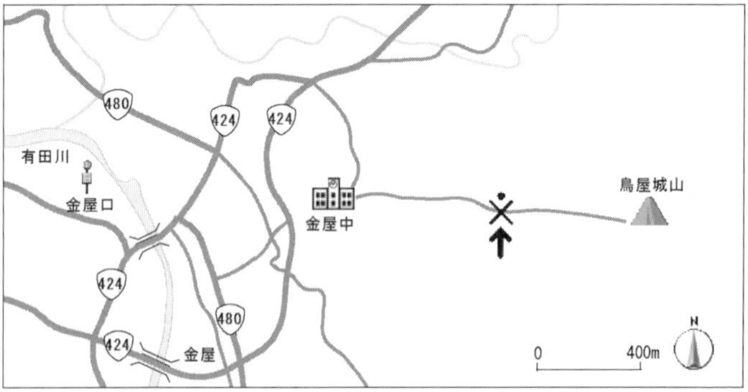

和歌山3　由良町　白崎

フズリナ・ウミユリなど

JR紀勢本線紀伊由良駅で下車し、西へ約5kmの白崎海洋公園で観察します。白崎海洋公園は、オートキャンプ場・スキューバダイビング・遊歩道・展望台などの施設がある公園です。入園料は無料です。電車で行く場合は、駅からタクシーに乗るか、路線バスと徒歩（1.5km）で行くことになります。

白崎海洋公園の入り口には公園の案内所があります。案内所の建物の周りは大きな白い岩がそびえたっています。これらはすべて石灰岩です。この公園一体が白い岩の石灰岩なのです。駐車場の周りの岩に近づいてみましょう。真っ白に見えていた岩ですが、よく見ると所々に模様があるのが分ります。

石の表面をよく観察していくと、丸い断面のような形が散らばって入っているのが分ります。これはフズリナという生き物の化石です。ラグビーボールのような形をした生き物で、丸く見えるのはちょうど輪切りにしたところを見ているのです。

このあたりの石灰岩は、今から約2億5000万年前の海にすんでいた生き物の化石がたくさん含まれています。古生代二畳紀（ペルム紀）と呼ばれる時代です。

古生代というのは恐竜がいた時代より昔になります。このころには、陸には恐竜はいませんがたくさんの植物が生い茂り、海の中にはフズリナやサンゴの仲間、三葉虫やウミユリが生きていました。

カルスト地形の景色

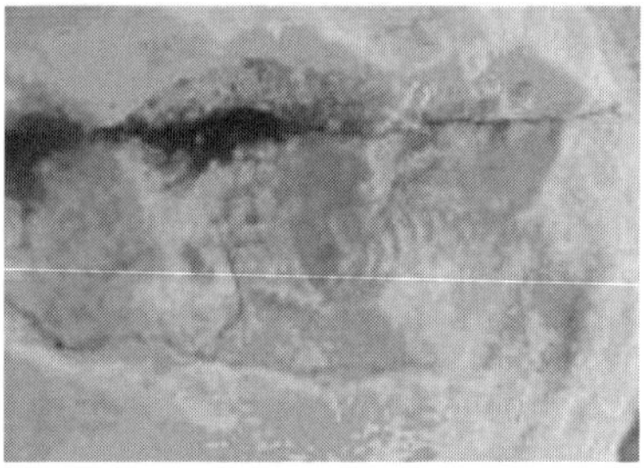

フズリナの化石

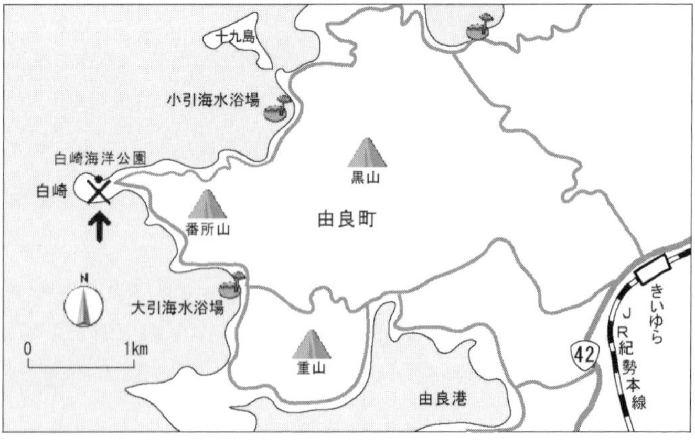

公園のなかを奥に進んでいくと、展望台に行くための階段があります。階段を上がっていくと白い岩がでこぼことまるで柱のように立っている景色を見ることができます。

石灰岩がでこぼこしている地形をカルスト地形といいます。石灰岩は雨などで溶けやすいため、長い年月雨などによって少しずつ溶けていき、このようなでこぼこの地形ができたのです。

展望台に着くまでの岩を見てみましょう。フズリナとは違った模様を見つけることができます。縞模様や中にはドーナツのように丸くて真ん中に穴が開いたような模様もあります。これは、ウミユリの化石です。ユリといっても海の中で生きていた動物の仲間です。

このあたりいったいの石灰岩は、肥料やセメントの原料として掘られていました。その掘っていた穴が公園の北側にあります。

＜立ち寄りスポット＞

☆**白崎海洋公園**（由良町大引960-1、0738-65-0125）

白崎海洋公園の入り口にある案内所の２階には小さな展示場があります。そこにはこの近くで見ることができる化石の展示がしてあります。休館日：12月～３月中旬の間、毎週水曜日。入館料：無料。

（上島）

三重1　伊賀市青山町　尼《あま》ヶ《が》岳《たけ》

貝化石

近鉄大阪線青山町駅から三重交通バス・高尾行きに乗り、終点で降ります。バス停「高尾」から上高尾の集落を過ぎると、道は登りになります。さらに行くと右に浄水場が見えてきます。ここで県道から分かれて右の浄水場に行きます。尼ヶ岳の案内板と公衆便所があります。

浄水場から約20分歩くと、尼ヶ岳登山道が二つに分かれます。左の道は橋を渡りますが、このまま橋を渡らずに右の山道を行きます。左の川底に地層が見えます。山粕層群の泥岩層です。この付近では化石を見つけることはできません。転石のなかにたまに貝化石が入っていることもありますが、ほとんど見つけることができません。

生活環境保全林周遊路と沢

先ほどの橋からさらに約5分進むと道が二つに分岐しますが、右のセメント道を進みます。数分で

転石の表面に見られる二枚貝の化石

道標のある分岐点に着きます。左は生活環境保全林周遊路、右は階段になった尼ヶ岳登山道（尼ヶ岳山頂まで1.3km）です。ここでは左の生活環境保全林周遊路を進みます。分岐点のすぐ近くの砂防ダムを過ぎ、さらに100m 進むと二つ目の砂防ダムがあります。二つ目の砂防ダムを過ぎた付近で右側の沢におりることにしましょう。

沢は約20m 上流で二つの支流に分かれますが、右の支流を登ります。20m ほど支流をさかのぼったところで、生活環境保全林周遊路が、この支流を横切っています。先ほど歩いてきた生活環境保全林周遊路とは別の道です。この付近で沢の泥岩の転石をよく見ると、二枚貝の貝殻が多く見つかります。石灰質の貝殻は溶けていて、印象のみになっています。この泥岩は上流の山腹をつくる地層が崩れて運ばれてきたものですが、露頭を見つけることはできません。沢のなかの転石から化石を探すことにしましょう。

貝化石を含む泥岩は、山粕層群太郎生《たろお》累層と呼ばれる地層で

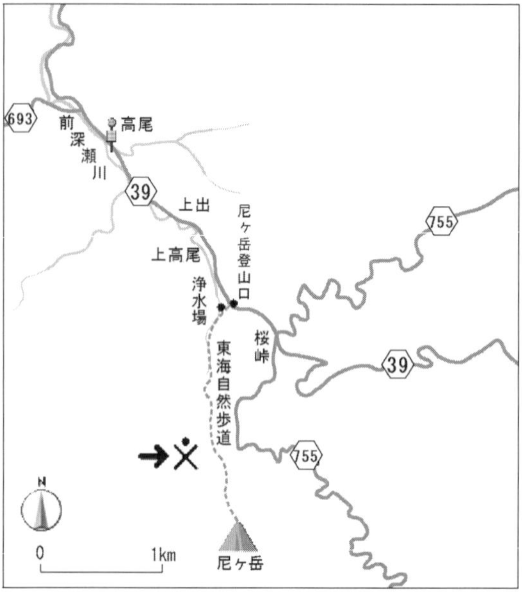

す。シラトリガイ、キリガイダマシなどの貝化石を産出します。約1500万年前の新生代新第三紀中新世の時代に堆積した地層です。これらの地層を堆積した海域は、細長い内海で第一瀬戸内海と呼ばれています。山粕層群と同じ海に堆積した地層は、三重県榊原では一志《いっし》層群、奈良県宇陀では山辺層群と呼ばれており、これらの地層は総称して第一瀬戸内累層群と呼ばれています。

＜立ち寄りスポット＞

☆地震を鎮める要石《かなめいし》（伊賀市青山町阿保《あお》、大村神社）

近鉄大阪線青山町駅から南東に約1.5km、木津川を渡ったところに大村神社はあります。本殿の横に要石社があります。

要石社（右奥）と水かけなまず

「要石」の下には、地震を起こす巨大なナマズがいて、ナマズが暴れないように要石で抑えているという言い伝えがあります。そのために「地震の神様」として多くの人が参拝に訪れます。要石は、茨城県鹿嶋市の鹿島神宮や千葉県香取市の香取神宮にもあり、鹿島神宮の要石は大なまずの頭、香取神宮の要石は尾を抑えているという話や二つの要石は地中で繋がっているという言い伝えもあります。

「水かけなまず」の石像に水をかけると、願いが叶うと言われています。　（池田）

三重２　伊賀市大山田　服部川の河床

巻貝・足跡化石

服部川河床

三重交通バス阿波線で汁付《しりつけ》行きに乗車、バス停「山田」で下車します。バス停前にせせらぎ運動公園があります。運動公園の駐車場を川の方に進み、服部川の河原におります。河床に露出している泥岩にタニシなどの貝化石が見られます。泥岩を割ると、タニシなどの巻貝が多く含まれています。詳しく探すとコイなどの咽頭《いんとう》歯《し》を見つけることもできます。

服部川の河原の泥岩は、新生代新第三紀鮮新世、約400万年前の大山田湖にたまったものです。古琵琶湖層群上野累層と呼ばれています。タニシなどの貝化石をはじめ、コイなどの咽頭歯、スッポンやカメの骨や甲羅、ゾウやワニの足跡など多くの動物化石が見つかります。

泥岩の表面をよく観察すると、ときどき穴のようになっているところがあります。このような穴は動物の足跡の可能性があります。バスケットボール大の穴は、ゾウの足跡かもしれません。

タニシの化石

この河原では、1993年９月の台風14号によって多くのワニやゾウの足跡が現れました。そのため、服部川足跡化石調査団によって1993～94年にワニやゾウの足跡化石に関して総合的な発掘調査が行なわれました。発掘調査により発見されたゾウやワニの足跡が、せせらぎ運動公園の駐車場に復元されていますので、足跡の状況や大きさを見てみましょう。

服部川の河原に安全におりることができる場所は、この場所を除くと少ないです。化石観察には安全に十分注意しましょう。

（池田）

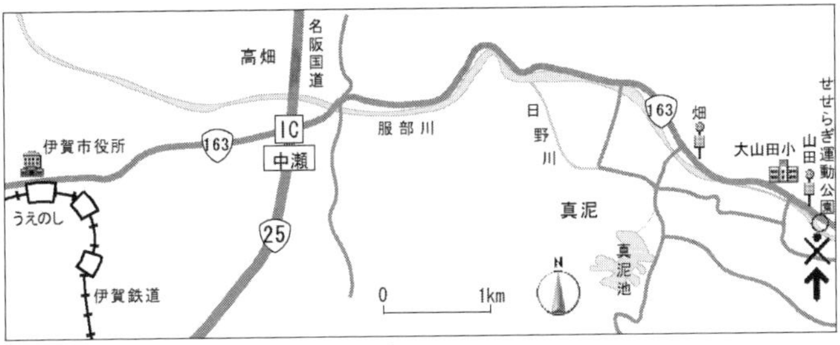

三重3　津市　貝石山《かいせきやま》

貝化石

近鉄津駅前から三重交通バスで平木行きに乗車、「柳谷口《やないだにぐち》」バス停で降ります。国道163号線から北へ約500m 進むと、柳《やない》谷《だに》の集落に着きます。集落のなかにバス停「柳谷」があります。

このバス停から、さらに100m 北に行くと「貝石山と梅林寺」の看板があり、看板の左に石碑「天然記念物　柳谷の貝石山」が立っています。その奥には奥行 3 m の洞窟状となった露頭があります。一志層群大井累層の細粒砂岩が天井一面に見られ石灰質の貝殻を残した保存良好な貝化石が密集して産出するの

この天井に貝化石が密集している

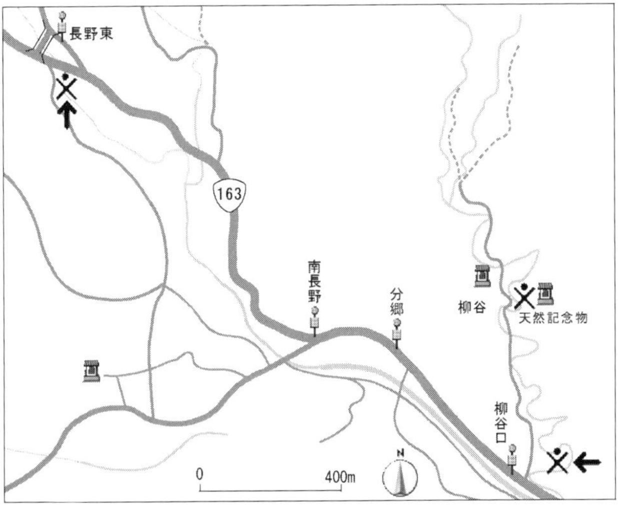

が観察できます。ホタテガイ、カキ、ツノガイ、キリガイダマシなどです。ここでは化石を採集することはできませんが、化石の産状がよく観察できます。（池田）

三重4　津市　榊原中《なか》の山《やま》

貝化石

近鉄久居駅や津駅から三重交通バスで榊原車庫前行きに乗車、「中の山」バス停で降ります。バス停から西に行くと、道路の南側にシイタケ栽培小屋、道路の反対側にお地蔵さんの社があります。そこから榊原川におります。河原に岩石が露出しています。地図の場所です。

河原に露出した青灰色シルト岩の表面を探すと、貝化石を見つけることができます。シラトリガイ、ツキガイモドキ、シオガママルフミガイ、キリガイダマシなどの貝化石が産出します。これらの地層は約1500万年前の第一瀬戸内海という海底に砂や泥が堆積したもので、一志層群大井累層と呼ばれています。新生代新第三紀中新世の時代に堆積した地層です。二枚貝の化石は、二枚の貝殻が合わさった形で産出するようすが観察できます。貝殻の多くは溶けていて、殻の印象だけが残されています。バス停「中の山」から北東に約200m 行くとバス停「笠取山口」があります。

この交差点から北に約 1 km 進んだ安《あ》子《ご》谷川《たにがわ》の河原にも一志層群が露出しています。ここでも貝化石を観察することができます。

一志層群が堆積した第一瀬戸内の海域は東の長野県阿南《あなん》、岐阜県瑞浪《みずなみ》から、この地域を通って西は奈良県宇陀市・曽爾村さらには島根県へと延びていました。　（池田）

榊原川の河原

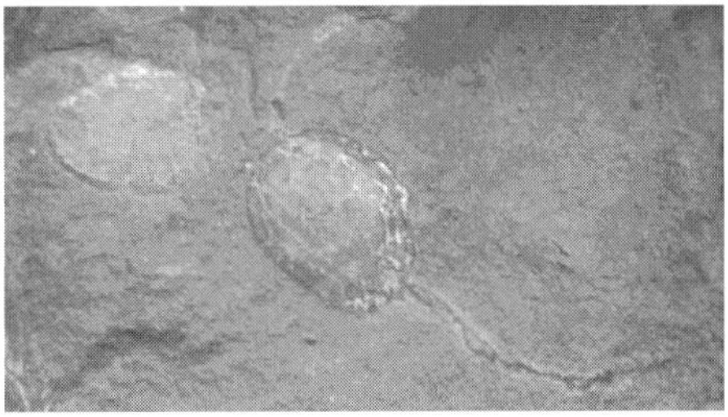

貝化石（長径 3 cm）

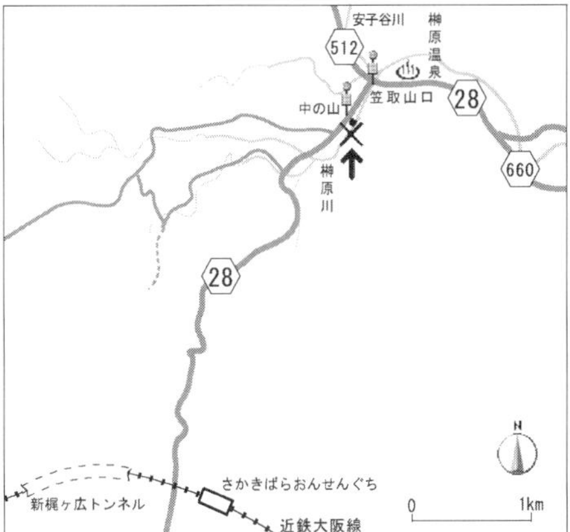

三重5　鳥羽市　砥浜海岸

恐竜・貝

恐竜化石が発見された海岸

鳥羽市は志摩半島の先端にあります。見学地は近鉄志摩線の鳥羽駅から三重交通バスで約10分、エクシブ鳥羽前バス停で下車します。そこから道路に沿ってさらに約500m 歩きます。車では伊勢自動車道から伊勢二見鳥羽ラインをとおり、国道167号線を経て県道750号線に入り、すこし走ると二地浦にでます。海岸を離れてすぐに道路際に「恐竜（鳥羽竜）化石発見地」の看板が立っています。発見された肩甲骨の化石とイグアノドン類の足跡化石のレプリカが展示してあります。発見場所・砥浜海岸には階段でおりることができます。

恐竜発見場所周辺の岩場で観察できる化石はトリゴニア（三

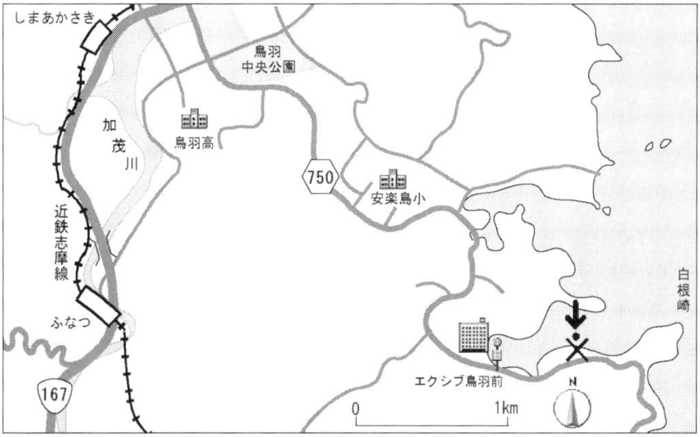

二枚貝の化石

角貝)、カキ貝、シジミ貝など海生から淡水の二枚貝、巻貝の化石と他にシダ類植物の化石や石炭なども見ることができます。

1996年７月にこの海岸の転石から竜脚類の右頸骨と腓骨の一部が発見されました。この化石は約１億3000万年前（白亜紀前期）の砂岩と泥岩からなる地層に含まれていました。その後の研究で大型草食恐竜ティタノサウルスであることが分り、「鳥羽竜」と名づけられました。体長約16～18m、体重31～32tと推定されています。この恐竜は2006年８月に丹波篠山で見つかった「丹波恐竜」と同じ仲間です。　　　　　　（柴山）

三重6　尾鷲市　向井岡の川

貝化石

JR大曽根浦駅から三重県立熊野古道センターに向かって進みます。熊野古道センターを通り過ぎ、さらに進むと向井簡易郵便局があります。郵便局から50mほど進むと道路の南側にマンションがあります。このマンション横の小道を南に進みます。やがて小道は岡の川を渡り、川の左岸を進みます。道の右、山側に露頭が現われます。

二つ目の砂防ダムを過ぎて、すこし道を行くと左に道がゆるくカーブしています。山側の崖が崩れたときの岩石が、道の反対側の路肩に捨てられています。この岩石をよく探すと、貝化石が含まれていることがあります。崖は崩れやすいので、崖で

岡の川の川原

貝化石

は化石採集を絶対にしないでください。

もう少し進んだところで、川に下る踏み分け道があります。この踏み分け道で川原におります。川原で転石のなかから化石を探すことができます。黒い色の転石が尾鷲層群の泥岩です。ときどき淡黄色の石がありますが、割ってみると真っ黒い泥岩で、尾鷲層群の泥岩が風化したものであることが分ります。尾鷲層群の泥岩は風化すると淡黄色となりますが、新鮮な泥岩は真っ黒でたいへん硬いです。転石を割って化石を見つけるよりも、転石の表面に化石の一部が見えているものを探す方がよいでしょう。

岡の川で見られる地層は、今から約1700万年前の新生代新第三紀中新世に堆積した尾鷲層群です。

向井岡の川の他にも化石が見つかる場所として行野浦《ゆくのうら》海岸が知られています（次頁地図の右上）。JR 尾鷲駅から三重交通バス紀伊松本行きに乗車、バス停「ユースホステル前」で下車します。東に約 1 km 進むと行野浦の集落が見えます。道路が海側に飛び出した付近で海岸におります。海岸へおりる道は、たいへん危険ですので十分注意しておりましょう。海岸の転石か

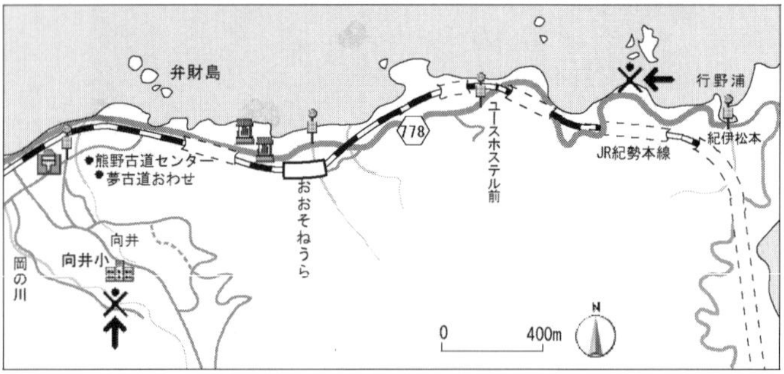

ら化石を見つけましょう。海岸の石に淡黄色のものが多く見られます。これは尾鷲層群の泥岩です。この転石を割ると、なかは黒色で非常に硬い泥岩です。

＜立ち寄りスポット＞

☆**三重県立熊野古道センター**（尾鷲市向井12−4、0597−25−2666）

http://www.kumanokodocenter.com/index.html

JR 尾鷲駅から三重交通バス紀伊松本行き約10分、「熊野古道センター前」下車。または近鉄・JR 松阪駅から南紀特急バス熊野古道センター行き約２時間。入場無料。

熊野古道とその周辺の歴史、自然、文化を紹介する常設展示室や映像ホールがあります。体験学習や文化講座、講演会なども開催されます。尾鷲ひのきで建築された、きれいな、心安らぐ木造の建物です。弁当などを持込み、飲食することもできます。

（池田）

福井1　高浜町難波江

二枚貝・生痕化石

JR小浜線の三松駅で降りて歩いて約1.5km地点です。県道21号線を北に進み、三松トンネルを抜けると難波江海水浴場です。南側にある岬の遊歩道や海岸の黒っぽい転石（泥岩）からペクテンなどの二枚貝の化石を見つけることができます。

この付近の地層は今から約2億2千万年～2億年前（中生代三畳紀後期）に堆積した難波江層群と呼ばれているものです。堆積物や産出する化石から浅海の堆積物と考えられています。分布は難波江から舞鶴市、夜久野町、岡山県福本、山口県美祢

約60度南に傾斜している砂岩・泥岩の難波江層群

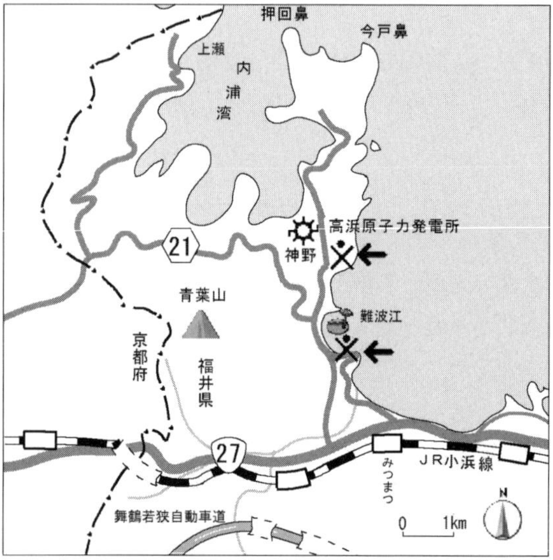

市と細長く続いています。

遊歩道の波打際の黒色泥岩から直径が1 cmぐらいの茶色の筒状の形態で、長さが10cmを超えるものから4～5 cmの長さの生痕化石が見つかります。生物の住居跡と思われます。

(平岡、三村)

福井2　福井市茱崎《ぐみざき》町　軍艦島

植物化石・生痕化石・立ち木化石など

JR北陸本線福井駅から京福バス水仙ランド入り口行きに乗り、「茱崎入口」で降ります。自家用車を利用する場合には、福井市から県道6号線を大味という標識に従って越前海岸に向かってください。国道305号線を左折するとバス停「茱崎入口」が見えてきます。

バス停のすぐ目の前に駐車場があり、駐車場から軍艦島に渡るコンクリートの橋があります。橋を渡り軍艦島で地層の堆積状態やいろいろな化石を見つけることができます。満潮時や海が荒れたときには思わぬ高波がやって来たりしますので観察するときには注意してください。

軍艦島の地層は切り立った状態になっています。軍艦島をつ

手前が軍艦島

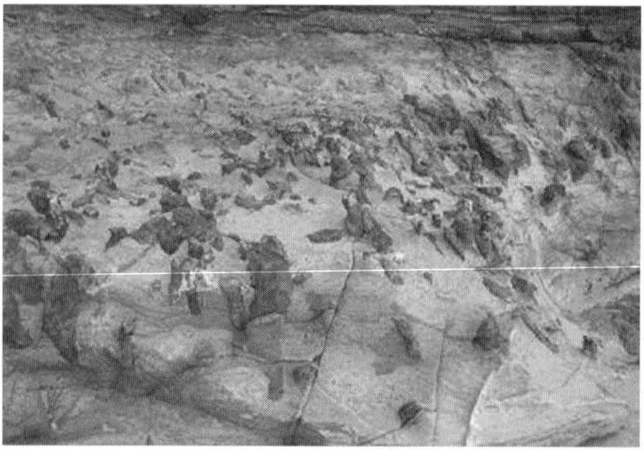

巣穴の生痕化石

珪化木の化石

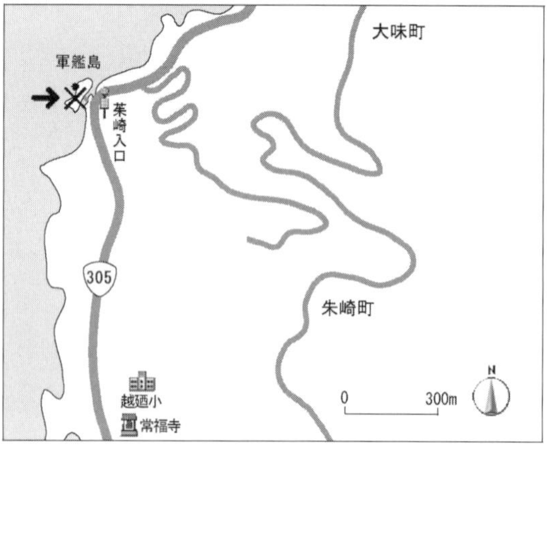

くっている地層では新第三紀に堆積した国見層の大味砂岩泥岩層を見ることができます。泥岩・黒色泥岩・粗流砂岩が互層構造をしています。

これらの地層の中に植物の化石、珪化木や見事な甲殻類の生痕化石を見ることができます。ほかにも直径５㎝程度のノジュールや立ち木の化石を見ることができます。これらのことから軍艦島は河川の氾濫原とラグーンとよばれる入り江のようなところで堆積したと考えられます。

＜立ち寄りスポット＞

この場所から、国道305号線を北上するルートは越前海岸と呼ばれる景勝地で、鮎川海岸までの間にいくつかの見学スポットがあります。

☆弁慶の洗濯岩と神の足跡

駐車場があり、そこから海岸におりる階段に木の化石があります。また、駐車場から50mほど北に歩いたところに人の足跡のような形をした岩があります。

☆鮎川海水浴場

海水浴場にある岩には甲殻類と思われる巣穴化石を見ることができます。

※注意　いずれの場所も見学にあたっては潮の干満や波浪に注意してください。

（芝川）

福井3　福井市　一王子一帯

珪化木

福井市一王子から河内にかけての付近一帯はかつて珪化木の化石がよく採れました。この周辺一帯にはおよそ1500万年前の新生代第三紀に堆積した国見累層と呼ばれる地層が分付しています。国見累層の中でもおもに細粒や浮石質の凝灰岩層から珪化木化石は産出しています。大きなものでは直径が70cm、長さが２ｍにも達するものが産出したこともあります。

立ち木の状態を保ったままではなく倒木の状態で産出することや、大きさも１ｍを超えるものが多く産出したことから、この地帯に生息した樹木ではなく比較的近いところに生息していた樹木が流されてきたと考えられています。

地元の人の話によると一王子の集落から河内集落、足谷町を

あぐりパークほんごうの建物。手前に珪化木が置かれている

抜けて西郷林道に到る道をつくった時にも、多くの珪化木が産出したとのことでした。七瀬川の河原にも当時掘り出された珪化木が残っていたということでした。

その珪化木も現在では産出することもないのだそうです。「あぐりパークほんごう」の事務所と思われる建物の側には林道をつくった時に産出したのであろう珪化木が静かにたたずんでいます。

＜立ち寄りスポット＞

☆**福井市自然史博物館**（福井市足羽上町147、0776-35-2844）

足羽山公園の中にあり、足羽山の自然ばかりでなく、福井県全体の地質や生物を展示しています。天体観測も行なっています。福井の自然を知るために最初に訪れて知識を得るには格好の博物館。

休館日：毎週月曜日と年末年始（12月29日～1月3日）

入場料：大人（高校生以上）100円、子供（中学生以下）無料。

詳しくは博物館に直接訪ねてください。　（芝川）

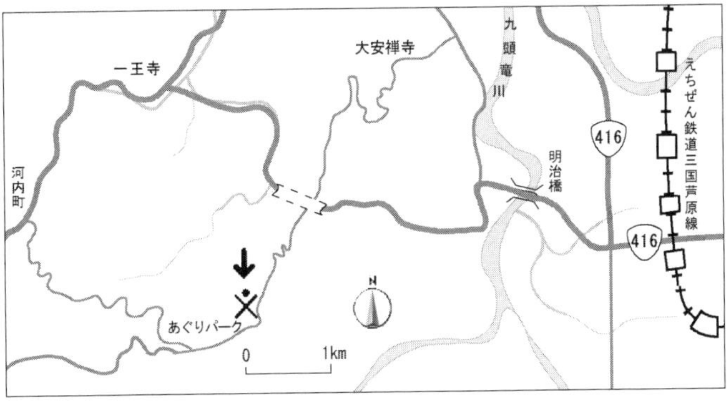

＜本書に掲載した近畿地方の化石観察地点＞

（街の化石はのぞく）

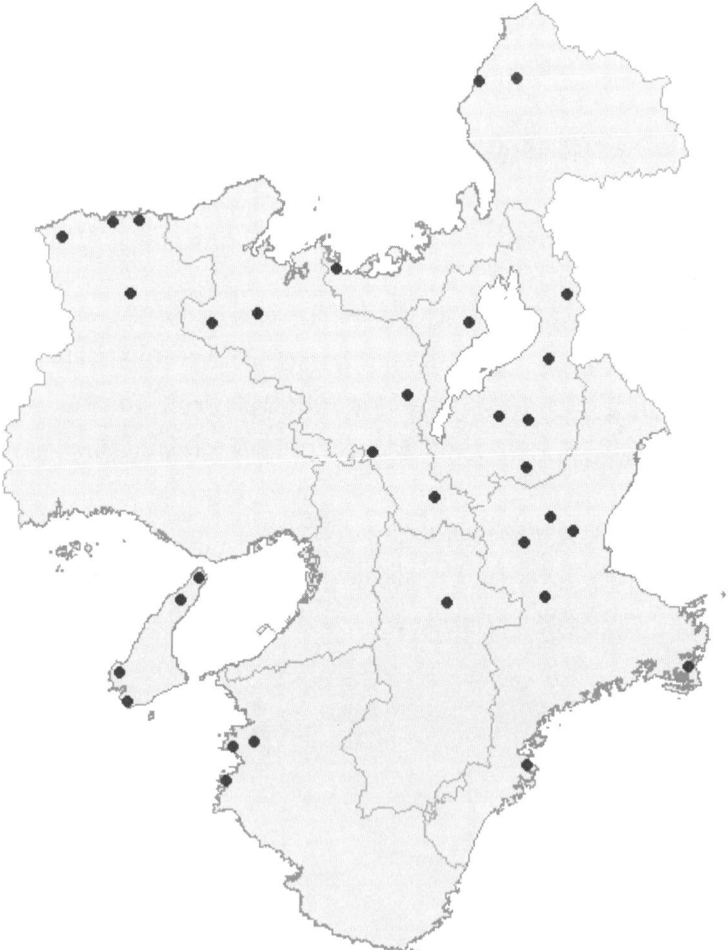

おわりに

野外で化石が観察できる場所はどんどん減ってきています。開発が進み山が削られ道路や建物が出来て地層や岩石が出ているところがなくなってきています。そのため化石が出てくる場所は大切に残していく必要があります。

化石の採集体験が出来るような設備のある施設が最近次第にできつつあります。アメリカやヨーロッパでは料金を払って化石採集ができるような場所が多くありますが、今後はこのような施設が多くできることを期待しています。現在の段階ではまだそのようなところが少ないため、デジタルカメラを使って写真で化石を撮って帰れる様な場所を中心に掲載しました。特に子どもたちが実際の化石を見る機会が少しでも多くなるようになればうれしいです。

本書ができあがったのは東方出版の北川幸さんのおかげです。あらためて感謝します。

またこの本は近畿地方を中心に化石が観察できるところを掲載しましたが、全国版は『さあ、化石をさがしに行こう』(遊タイム出版) があります。これも合わせて読んでいただくといいでしょう。

大阪地域地学研究会代表　柴山元彦

＜編著者＞

柴山元彦　　自然環境研究オフィス　理学博士

＜執筆者＞

池田　正　　大阪府立柏原東高等学校

上島昌晃　　大阪教育大学附属平野小学校

川村大作　　大阪府立福泉高等学校

芝川明義　　大阪府立花園高等学校

柴山元彦　　（上記）

千葉　靖　　大阪府教育センター

平岡由次　　自然環境研究オフィス

三村正美　　自然環境研究オフィス

＜イラスト・地図作成＞

香川直子　　自然環境研究オフィス

関西地学の旅⑦　**化石探し**

2010年5月27日　初版第1刷発行

著　者——大阪地域地学研究会

発行者——今東成人

発行所——東方出版㈱

〒543-0062　大阪市天王寺区逢阪2－3－2

TEL06-6779-9571　FAX06-6779-9573

装　幀——森本良成

印刷所——亜細亜印刷㈱

ISBN978-4-86249-158-9　　乱丁・落丁はおとりかえいたします。

関西地学の旅　宝石探し

大阪地域地学研究会　1400円

関西地学の旅3　宝石探しⅡ　1泊2日編

大阪地域地学研究会　1500円

関西地学の旅4　湧き水めぐり1

湧き水サーベイ関西編著　1600円

関西地学の旅5　湧き水めぐり2

湧き水サーベイ関西編著　1600円

関西地学の旅6　湧き水めぐり3

湧き水サーベイ関西編著　1600円

森琴石と歩く大阪

明治の市内名所案内

熊田司・伊藤純編　2400円

史跡名所探訪　大阪を歩く

大阪市内編

林豊　1200円

大阪城話

渡辺武　1600円

＊表示の値段は消費税を含まない本体価格です。